高职高专电子信息类系列教材

C 语言程序设计

主 编 马 凌 龚 芝
副主编 侯小毛 田 浩 李跃飞

西安电子科技大学出版社

内 容 简 介

　　本书针对高等院校学生，本着传授知识、培养能力、提高素质的教学理念，采用项目导向、案例驱动的思想来组织内容架构。全书通过大量的案例，详细介绍了 C 语言编程的基础知识和基本操作，帮助学生掌握利用 C 语言进行结构化程序设计的技术和方法。全书共 9 个项目，61 个任务。9 个项目包括 C 语言基础知识、分支程序设计、循环程序设计、数组、函数、指针、结构体、文件、课程设计等内容。内容由易到难，循序渐进地引导学生理解程序的语法结构和算法思想，从而习惯 C 语言编程的要求，掌握 C 语言的基本知识点。在每个项目的最后均附有实训题，使学生能够应用本项目所学知识进行更多的程序开发和应用，从而增强学生的实际开发能力。

　　本书以项目为载体，深入浅出，语言通俗易懂，实验项目设置合理，可作为高等院校"C 语言程序设计"课程的教材，也可作为 C 语言初学者的自学参考书。

图书在版编目(CIP)数据

C 语言程序设计 / 马凌，龚芝主编.—西安：西安电子科技大学出版社，2018.8 (2020.11 重印)
ISBN 978-7-5606-5063-0

Ⅰ. ① C… 　Ⅱ. ① 马… 　② 龚… 　Ⅲ. ① C 语言—程序设计 　Ⅳ. ① TP312.8

中国版本图书馆 CIP 数据核字(2018)第 194482 号

策划编辑　杨丕勇
责任编辑　杨丕勇
出版发行　西安电子科技大学出版社(西安市太白南路 2 号)
电　　话　(029)88242885　88201467　　　　　邮　　编　710071
网　　址　//www.xduph.com　　　　　　　　电子邮箱　xdupfxb001@163.com
经　　销　新华书店
印刷单位　陕西天意印务有限责任公司
版　　次　2018 年 8 月第 1 版　　2020 年 11 月第 4 次印刷
开　　本　787 毫米×1092 毫米　1/16　印　张　12.5
字　　数　291 千字
印　　数　3801～5800 册
定　　价　32.00 元

ISBN 978 - 7 - 5606 - 5063 - 0/TP

XDUP 5365001 - 4

前　言

　　学习程序设计的目的就是在掌握程序设计技术、方法和工具的基础上，采用计算机语言高效地编写出求解某一问题的高质量的计算机程序。

　　我们想让计算机帮助我们解决现实世界的难题，但它不懂我们的语言，怎么办？就要使用程序设计语言。就像翻译一样，程序设计语言的根本作用是构建现实问题和计算机之间的桥梁。

　　C 语言是一种面向过程的、灵活的程序设计语言，它有许多程序设计技巧，而且从产生到现在经历了几十年的发展，一直经久不衰，已成为最重要和最流行的编程语言之一。目前虽然产生了许多新的编程语言，如 C++、Java、C51 等，但这些语言都是借鉴 C 语言而发展起来的。

　　本书采用"项目—任务"制编写，通过大量的案例，详细介绍了 C 语言编程的基础知识和基本操作，帮助学生掌握利用 C 语言进行结构化程序设计的技术和方法。全书共 9 个项目，61 个任务。9 个项目包括 C 语言基础知识、分支程序设计、循环程序设计、数组、函数、指针、结构体、文件、课程设计等内容。内容由易到难，循序渐进地引导学生理解程序的语法结构和算法思想，从而习惯 C 语言编程的要求，掌握 C 语言的基本知识点。

　　本书的主要特点如下：

　　(1) 案例教学，任务驱动。本书中的每一个项目都通过一个具体案例来引入，并将完成该案例所需的知识点划分为不同的任务，学生完成了这些任务就掌握了所需要学习的知识。

　　(2) 注重学生动手能力的培养。本书的内容编排打破了以往"先理论，后实践"的传统教学思路，通过案例引入，激发学生的学习兴趣，让学生从实际动手编程中学习到相应的知识点。

  本书集众人之所长，采用群策群力、共同研究、共同编写的原则完成，其中项目一、项目二由罗莉霞、陈敏编写；项目三由张华、仇焕青编写；项目四由李跃飞、刘小红编写；项目五由马凌、谢鑫编写；项目六由龚芝、齐锋华编写；项目七由侯小毛、黄玲编写；项目八由甄春成、马英英、谢美英编写；附录由王艳辉编写；课程设计由田浩编写；全书由龚芝、田浩负责校对。

  对于黄滔、戴晓东、唐启涛等同志对本书的支持和帮助，我们在此表示由衷的感谢。

  本书难免存在不足之处，竭诚希望得到广大读者的批评指正。

编　者

2018 年 6 月

目　录

通过本书的第一个项目，应对 C 语言有一个整体的认识，在学习后面的项目时，可以不断地回顾第一个项目，不断地加深对 C 语言的认识。

C 语言的主要特点如下：

(1) C 语言是一款模块化的程序设计语言。模块化的基本思想是将一个大的程序按功能分割成一些模块，使每一个模块都成为功能单一、结构清晰、容易理解的小程序。

(2) C 语言简洁，结构紧凑，使用方便、灵活。C 语言总共只有 32 个关键字，9 条控制语句，源程序书写格式自由。

(3) C 语言的运算功能极其丰富，数据处理能力强。C 语言总共有 34 种运算符，如算术运算符，关系运算符，自增(++)、自减(--)运算符，复合赋值运算符，位运算符及条件运算符等。同时，C 语言还可以实现其他高级语言较难实现的功能。

任务一　了解 Dev-C++ 集成开发环境

一般教材中，都选用 Turbo C 2.0 作为 C 语言的集成开发环境，该系统是 DOS 操作系统下支持的软件，不支持鼠标操作。综合考虑之后，我们以 Dev-C++ 5.11 作为本书程序的集成开发环境，Dev-C++ 是一个 Windows 下的 C 和 C++ 程序的集成开发环境。它使用 mingw32/gcc 编译器，遵循 C/C++ 标准。开发环境包括多页面窗口、工程编辑器以及调试器等，在工程编辑器中集合了编辑器、编译器、连接程序和执行程序，提供高亮度语法显示，以减少编辑错误，还有完善的调试功能，能够适合初学者与编程高手的不同需求，是学习 C 或 C++ 的首选开发工具。下面我们先介绍一下Dev-C++ 的安装。

(1) 选择运行 Dev-C++ 的语言环境，如图 1.1 所示。

图 1.1　选择语言

(2) 进入 Dev-C++的安装向导，如图 1.2 所示。

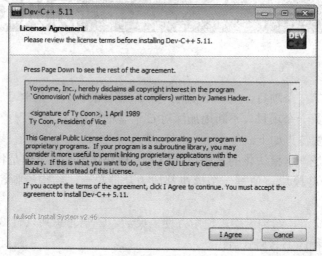

图 1.2　安装向导

(3) 进入【自定义】界面，单击"Next"按钮，如图 1.3 所示。

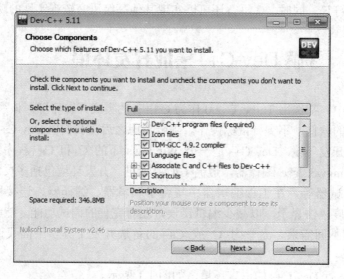

图 1.3　自定义安装

(4) 进入【安装路径】界面，选择相应的路径，如图 1.4 所示。

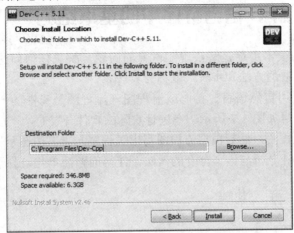

图 1.4 选择路径

(5) 进入【开始安装】界面，开始安装程序，如图 1.5 所示。

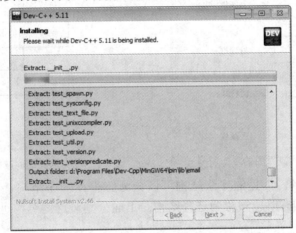

图 1.5 开始安装

(6) 安装完成后，单击"Finish"按钮，如图 1.6 所示。

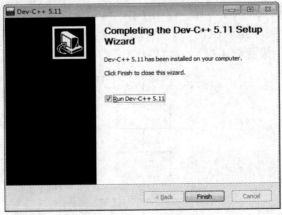

图 1.6 完成安装

任务二　了解 C 语言程序中的基本结构

程序设计语言的根本用途是解决现实世界的问题。解决任何问题都有一定的步骤。为解决一个问题而采取的方法和步骤，就称为算法。

表示算法，可以用自然语言、伪码或流程图。流程图是算法的一种直观表示方式，简单易懂，其基本符号如图 1.7 所示。在进行实际的软件开发时，一般是先分析问题，设计算法，画出算法流程图，然后根据流程图写出源程序，本书中图示依此写法，如图 1.8 所示。这种把程序设计分析与语言分开的做法，使得问题简单化，易于理解。

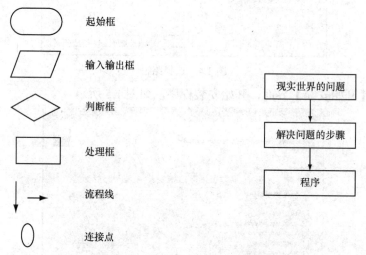

起始框

输入输出框

判断框

处理框

流程线

连接点

图 1.7　流程图的基本符号　　　　　图 1.8　现实世界的问题到程序的转换图

与现实世界类似，常见的算法结构可以分为三类：顺序结构、分支结构和循环结构。其中，分支结构有时也被称为选择结构。下面分别对这些结构进行介绍，并给出每种结构的流程图。

1. 顺序结构

顺序结构的程序比较简单，如图 1.9 所示，就是按照语句的排列顺序依次执行的机制。顺序结构的执行顺序是自上而下、依次执行的，因此编写程序也必须遵守这一规定，否则程序的执行结果就会出错。

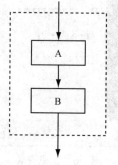

图 1.9　顺序结构流程图

顺序结构程序举例如下：

【例 1-1】 第一个 C 程序。

```
/* hello.c 最简单的 C 程序  */
/*头文件*/
#include<stdio.h>
/*主函数*/
main()
  {
    printf("Hello,world!");          /*在屏幕上输出 Hello, world!*/
  return 0;
  }
```

(1) main 是主函数的函数名，表示这是一个主函数。

(2) 每一个 C 源程序都必须有且只能有一个主函数(main 函数)。

(3) 函数调用语句，printf 函数的功能是把要输出的内容送到显示器去显示。

(4) printf 函数是一个由系统定义的标准函数，可在程序中直接调用。

2．分支结构

分支结构与顺序结构不同，其执行是依据一定的条件选择执行路径，而不是严格按照语句出现的先后顺序。分支结构程序设计方法的关键在于构造合适的分支条件和分析程序流程，根据不同的程序流程选择适当的分支语句。

分支结构适合于带有逻辑条件判断的计算，设计这类程序时往往都要先绘制其程序流程图。程序流程图是根据解题分析过程所绘制的程序执行流程图，如图 1.10 所示。

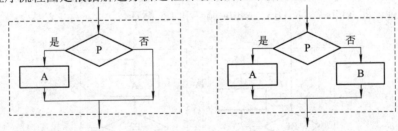

图 1.10　分支结构程序流程图

分支结构程序举例如下：

【例 1-2】 比较两个数的大小。

```
/* compare.c 比较两个数的大小，并输出其大小关系 */
/*头文件*/
#include "stdio.h"
/*主函数*/
main()
{
    /*定义变量*/
    int a,b;        /*定义两个整型变量 a,b*/
```

```
/*输入提示*/
printf("请输入两个整数，以空格隔开：");
scanf("%d%d",&a,&b);   /*读两个整数*/

/*核心处理*/
/*a>b*/
if(a>b)
printf("%d > %d\n",a,b);

/*a=b*/
if(a==b)
printf("%d = %d\n",a,b);

/*a<b*/
if(a<b)
printf("%d < %d\n",a,b);
return 0;
}
```

3. 循环结构

循环结构可以减少源程序重复书写的工作量，用来描述重复执行某段算法的问题，如图 1.11 所示。循环结构是程序设计中最能发挥计算机特长的程序结构。C 语言中常用的循环有三种，即 while 循环、do ...while 循环和 for 循环。

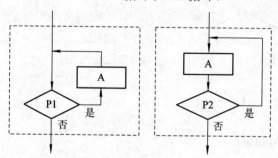

图 1.11　循环结构流程图

循环结构程序举例如下：

【例 1-3】　计算 1～100 的和。

```
/*用 while 循环计算 1～100 的和*/

/*头文件*/
#include "stdio.h"

/*主函数*/
```

```
main()
{
  /*定义变量*/
    int i,sum=0;              /*i 表示循环变量，sum 表示和，变量赋初值*/


  /*核心处理*/
    i=1;                      /*循环变量赋初值，从 1 开始*/
    while(i<=100)             /*加到 100 为止*/
    {
        sum=sum+i;            /*求和*/
        i++;                  /*循环变量递增*/
    }


  /*输出结果*/
    printf("%d\n",sum);

    getch();                  /*屏幕暂停*/
}
```

三种基本结构的共同特点如下：

(1) 只有一个入口。

(2) 只有一个出口。

(3) 结构内的每一部分都有机会被执行到。

(4) 结构内不存在"死循环"。

C 语言有一个重要特点，即结构化。C 语言是结构化程序设计语言的典型代表。

任务三　认识 C 语言程序的框架结构

我们知道，常用的计算机是由输入设备、输出设备、控制器、运算器、存储器五大部分组成的，与此类似，我们把 C 语言程序的框架结构分为四个部分：定义变量、输入数据、核心处理、输出结果。按照这样的分解，一款程序的框架如下：

```
/*C 程序的框架结构*/
/*头文件*/
#include<stdio.h>
main()
{
    /*定义变量*/
    ...
    /*输入数据*/
```

```
        ...
            /*核心处理*/
        ...
            /*输出结果*/
        }
```

在本书的各个项目中，我们会指出每一个项目代码的这四个部分。程序员在编写程序时，基本上也是按照这四个部分各个击破，最后形成完整的程序。

其中，输入和输出部分要借助 C 语言中的库函数，核心处理部分就是每个项目的主要功能。下面详细介绍一下数据输入/输出的概念及在 C 语言中的实现，这些内容在以后的每款程序中都会用到。

首先注意以下几点：

(1) 所谓输入/输出，是以计算机为主体而言的。

(2) 本项目介绍的是向标准输出设备——显示器输出数据的语句。

(3) 在 C 语言中，所有的数据输入/输出都是由库函数完成的，因此都是直接调用相应的函数语句。

(4) 在使用 C 语言库函数时，要用预编译命令#include 将有关"头文件"包括到源文件中。

使用标准输入/输出库函数时要用到"stdio.h"文件，因此源文件开头应有以下预编译命令：

```
        #include< stdio.h >
```

或

```
        #include "stdio.h"
```

stdio 是 standard input & output 的意思。

考虑到 printf 和 scanf 函数使用频繁，系统允许在使用这两个函数时可以不加编译命令。

(5) printf 和 scanf 函数的用法如下：

① printf 函数(格式输出函数)。printf 函数称为格式输出函数，其关键字最末一个字母 f 即为"格式"(format)之意。其功能是按用户指定的格式，把指定的数据显示到显示器屏幕上。在前面的例题中我们已多次使用过这个函数。

printf 函数是一个标准库函数，它的函数原型在头文件"stdio.h"中。但作为一个特例，不要求在使用 printf 函数之前必须包含 stdio.h 文件。

printf 函数调用的一般形式为

```
        printf("格式控制字符串", 输出表列);
```

其中格式控制字符串用于指定输出格式。格式控制字符串可由格式字符串和非格式字符串两种字符组成。格式字符串是以%开头的字符串，在%后面跟有各种格式字符，以说明输出数据的类型、形式、长度、小数位数等。例如：

"%d 表示按十进制整型输出；

"%ld"表示按十进制长整型输出；

"%c"表示按字符型输出。

非格式字符串在输出时原样显示出来,在显示中起提示作用。

输出表列中给出了各个输出项,要求格式字符串和各输出项在数量和类型上一一对应。

② scanf 函数(格式输入函数)。scanf 函数称为格式输入函数,即按用户指定的格式从键盘上把数据输入到指定的变量之中。

scanf 函数是一个标准库函数,它的函数原型在头文件"stdio.h"中。与 printf 函数相同,C 语言也允许在使用 scanf 函数之前不必包含 stdio.h 文件。

scanf 函数的一般形式为

    scanf("格式控制字符串",地址表列);

例如,

    scanf("%d",&a1);   /*从键盘读取一个整数值到变量 a1 中*/

其中,格式控制字符串的作用与 printf 函数相同,但不能显示非格式字符串,也就是不能显示提示字符串。地址表列中给出各变量的地址。地址是由地址运算符"&"后跟变量名组成的。例如,

    &a, &b

分别表示变量 a 和变量 b 的地址。这个地址就是编译系统在内存中给 a、b 变量分配的地址。在 C 语言中,使用了地址这个概念,这是与其他语言不同的。应该把变量的值和变量的地址这两个不同的概念区分开来。变量的地址是 C 编译系统分配的,用户不必关心具体的地址是多少。

变量的地址和变量值的关系,就像杯子和饮料的关系一样。

在赋值表达式中给变量赋值,例如,

    a=567

式中,a 为变量名,567 是变量的值,&a 是变量 a 的地址。但在赋值号左边是变量名,不能写地址,而 scanf 函数在本质上也是给变量赋值,但要求写变量的地址,如&a。这两者在形式上是不同的。&是一个取地址运算符,&a 是一个表达式,其功能是求变量的地址。

任务四　了解 C 语言的字符和词汇

1. C 语言字符

字符是组成语言的最基本的元素。C 语言字符集由字母、数字、空格、标点和特殊字符组成。在字符常量、字符串常量和注释中还可以使用汉字或其他可表示的图形符号。

(1) 字母。小写字母 a~z 共 26 个;大写字母 A~Z 共 26 个。

(2) 数字。0~9 共 10 个。

(3) 空白符。空格符、制表符、换行符等统称为空白符。空白符只在字符常量和字符串常量中起作用。在其他地方出现时,只起间隔作用,编译程序对它们忽略不计。因此在程序中使用空白符与否,对程序的编译不发生影响,但在程序中适当的地方使用空白符将增加程序的清晰性和可读性。

(4) 标点和特殊字符。

2．C 语言词汇

在 C 语言中使用的词汇分为六类：标识符、关键字、运算符、分隔符、常量和注释符。

(1) 标识符。在程序中使用的变量名、函数名、标号等统称为标识符。除库函数的函数名由系统定义外，其余都由用户自定义。C 语言规定，标识符只能是字母(A～Z，a～z)、数字(0～9)、下划线(_)组成的字符串，并且其第一个字符必须是字母或下划线。以下标识符是合法的：

  a, x, x3, BOOK_1, sum5

以下标识符是非法的：

3s	以数字开头
s*T	出现非法字符*
-3x	以减号开头
bowy-1	出现非法字符-(减号)

在使用标识符时还必须注意以下几点：

① 标准 C 语言不限制标识符的长度，但它受各种版本 C 语言编译系统的限制，同时也受到具体机器的限制。例如，在某版本 C 语言编译系统中规定标识符前 8 位有效，当两个标识符前 8 位相同时，则被认为是同一个标识符。

② 在标识符中，大小写是有区别的。例如，BOOK 和 book 是两个不同的标识符。

③ 标识符虽然可由程序员随意定义，但标识符是用于标识某个量的符号，因此，命名应尽量有相应的意义，以便于阅读理解，做到"顾名思义"。

(2) 关键字。关键字是由 C 语言规定的具有特定意义的字符串，通常也称为保留字。用户定义的标识符不应与关键字相同。C 语言的关键字分为以下几类：

① 类型说明符，用于定义和说明变量、函数或其他数据结构的类型，如前面例题中用到的 int、double 等。

② 语句定义符，用于表示一个语句的功能，如例 1-3 中用到的 while 就是循环语句的语句定义符。

③ 预处理命令字，用于表示一个预处理命令，如前面各例中用到的 include。

(3) 运算符。C 语言中含有相当丰富的运算符。运算符与变量、函数一起组成表达式，表示各种运算功能。运算符由一个或多个字符组成。

(4) 分隔符。在 C 语言中采用的分隔符有逗号和空格两种。逗号主要用在类型说明和函数参数表中，分隔各个变量。空格多用于语句各单词之间，作间隔符。在关键字、标识符之间必须要有一个以上的空格符作间隔，否则将会出现语法错误。例如，把 int a 写成 inta，C 编译器会把 inta 当成一个标识符处理，其结果必然出错。

(5) 常量。C 语言中使用的常量可分为数字常量、字符常量、字符串常量、符号常量、转义字符等多种。在后面章节中将专门给予介绍。

(6) 注释符。C 语言的注释符是以"/*"开头并以"*/"结尾的串。在"/*"和"*/"之间的内容即为注释。编译程序时，不对注释作任何处理。注释可出现在程序中的任何位置。注释用来向用户提示或解释程序的意义。在调试程序中对暂不使用的语句也可用注释符括起来,使翻译跳过不作处理,待调试结束后再去掉注释符。

任务五 了解C语言中的基本运算

C语言的运算符可分为以下几类。

(1) 算术运算符:用于各类数值运算,包括加(+)、减(−)、乘(*)、除(/)、求余(或称模运算,%)、自增(++)、自减(--)共七种。

(2) 关系运算符:用于比较运算,包括大于(>)、小于(<)、等于(==)、大于等于(>=)、小于等于(<=)和不等于(!=)六种。

(3) 逻辑运算符:用于逻辑运算,包括与(&&)、或(||)、非(!)三种。

(4) 位操作运算符:参与运算的量,按二进制位进行运算,包括位与(&)、位或(|)、位非(~)、位异或(^)、左移(<<)、右移(>>)六种。

(5) 赋值运算符:用于赋值运算,分为简单赋值(=)、复合算术赋值(+=,-=,*=,/=,%=)和复合位运算赋值(&=,|=,^=,>>=,<<=)三类共11种。

(6) 条件运算符:这是一个三目运算符,用于条件求值(?:)。

(7) 逗号运算符:用于把若干表达式组合成一个表达式(,)。

(8) 指针运算符:用于取内容(*)和取地址(&)两种运算。

(9) 求字节数运算符:用于计算数据类型所占的字节数(sizeof)。

(10) 特殊运算符:有括号()、下标[]、成员(->, .)等几种。

以上运算中,算术运算、关系运算、逻辑运算、赋值运算是最常用的四种运算,下面着重介绍这四种运算符。

1. 算术运算

(1) 加法运算符"+":加法运算符为双目运算符,即应有两个量参与加法运算,如a+b、4+8 等,具有左结合性。

(2) 减法运算符"−":减法运算符为双目运算符,但"−"也可作为负值运算符,此时为单目运算,如−x、−5 等,具有左结合性。

(3) 乘法运算符"*":双目运算,具有左结合性。

(4) 除法运算符"/":双目运算,具有左结合性。如果参与运算的量均为整型,结果也为整型,舍去小数;如果运算量中有一个是实型,则结果为双精度实型。

【例1-4】 整数和浮点数的除法运算。

```
/*  除法运算  */

/*头文件*/
#include "stdio.h"

/*主函数*/
main()
```

```
    {
        printf("\n\n%d,%d\n",20/7,-20/7);   /*输出 20/7 和-20/7 结果*/
        printf("%f,%f\n",20.0/7,-20.0/7);    /*输出 20.0/7 和-20.0/7 结果*/
        return 0;
    }
```

程序运行结果如下：

2, -2

2.857143, -2.857143

本例中，20/7 和-20/7 的结果均为整型，小数全部舍去；而 20.0/7 和-20.0/7 由于有实型数字参与运算，因此结果也为实型。

(5) 求余运算符(模运算符)"%"：双目运算，具有左结合性。要求参与运算的量均为整型。求余运算的结果等于两数相除后的余数。

【例 1-5】 求余运算。

```
/*  求余运算  */
/*头文件*/
#include "stdio.h"


/*主函数*/
 main()
{
    printf("%d\n",100%3);   /*输出 100%3 的结果*/
    return 0;

}
```

本例输出 100 除以 3 所得的余数 1。

2. 关系运算

在程序中经常需要比较两个量的大小关系，以决定程序下一步的工作。比较两个量的运算符称为关系运算符。

在 C 语言中有以下关系运算符：

  < 小于

  <= 小于或等于

  > 大于

  >= 大于或等于

  = = 等于

  != 不等于

关系运算符都是双目运算符，其结合性均为左结合。关系运算符的优先级低于算术运算符，高于赋值运算符。在六个关系运算符中，<、<=、>、>=的优先级相同，并高于==和!=，==和!=的优先级相同。

关系运算的结果是"真"和"假"，用"1"和"0"表示。如：5>0 的值为"真"，即为 1。而对于(a=3)>(b=5)，由于 3>5 不成立，故其值为假，即为 0。

3．逻辑运算

C 语言中提供了三种逻辑运算符：

  && 与运算

  || 或运算

  !   非运算

逻辑运算的结果也为"真"和"假"两种，用"1"和"0"来表示。其求值规则如下：

(1) 与运算&&：参与运算的两个量都为真时，结果才为真，否则为假。例如，

   5>0 && 4>2

由于 5>0 为真，4>2 也为真，故其相与的结果也为真。

(2) 或运算||：参与运算的两个量只要有一个为真，结果就为真。 两个量都为假时，结果为假。例如，

   5>0||5>8

由于 5>0 为真，因此上式相或的结果也就为真。

(3) 非运算!：参与运算的量为真时，结果为假；参与运算的量为假时，结果为真。例如，

   !(5>0)

的结果为假。

虽然 C 编译在给出逻辑运算值时以"1"代表"真"，"0"代表"假"，但反过来，在判断一个量是为"真"还是为"假"时，以"0"代表"假"，以非"0"的数值作为"真"。例如，

   由于 5 和 3 均为非"0"，因此 5&&3 的值为"真"，即为 1

又如，

   5||0 的值为"真"，即为 1

4．赋值运算

赋值语句是由赋值表达式再加上分号构成的表达式语句，其一般形式为

   变量=表达式;

赋值语句的功能和特点都与赋值表达式相同。它是程序中使用最多的语句之一。在使用时要注意以下几点：

(1) 注意在变量说明中给变量赋初值和赋值语句的区别。

给变量赋初值是变量说明的一部分，赋初值后的变量与其后的其他同类变量之间仍必须用逗号间隔，而赋值语句则必须用分号结尾。例如，

   int a=5, b, c;

(2) 在变量说明中，不允许连续给多个变量赋初值。例如，下述说明是错误的：

   int a=b=c=5;

必须写为

```
    int a=5, b=5, c=5;
```
而赋值语句允许连续赋值。

(3) 注意赋值表达式和赋值语句的区别。

赋值表达式是一种表达式，它可以出现在任何允许表达式出现的地方，而赋值语句则不能。

下述语句是合法的：

```
    if((x=y+5)>0)   z=x;
```
该语句的功能是，若表达式 x=y+5 大于 0 则 z=x。

下述语句是非法的：

```
    if((x=y+5;)>0)   z=x;
```
因为 x=y+5;是语句，不能出现在表达式中。

任务六　C 语言中的基本数据类型

在程序执行过程中，其值不发生改变的量称为常量，其值可变的量称为变量。一个变量应该有一个名字，在内存中占据一定的存储单元，这就像杯子和饮料一样，一个杯子里可以放不同的饮料，杯子可以看作存储单元，不同的饮料即可视为变量的值。变量定义必须放在变量使用之前，一般放在函数体的开头部分。要区分变量名和变量值是两个不同的概念，如图 1.12 所示。

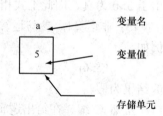

图 1.12　变量名和变量值

1．整型数据

整型数据分为整型常量和整型变量。

1) 整型常量

整型常量就是整常数。在 C 语言中使用的整常数有八进制、十六进制和十进制三种。

① 十进制整常数：十进制整常数没有前缀。其数码为 0～9。

以下各数是合法的十进制整常数：

　　123、–234、65535、1046；

以下各数不是合法的十进制整常数：

　　1a23、213–4、65/35、1b4c。

在程序中是根据前缀来区分各种进制数的，因此在书写常数时不要把前缀弄错，以免造成结果不正确。

② 八进制整常数：八进制整常数必须以 0 开头，即以 0 作为八进制数的前缀。数码取值为 0～7。八进制数通常是无符号数。

以下各数是合法的八进制数：

015(十进制为 13)、0101(十进制为 65)、0177777(十进制为 65535);

以下各数不是合法的八进制数:

257(无前缀 0)、03A5(包含了非八进制数码)、–0126(出现了负号)、086(出现了非八进制数码 8)。

③ 十六进制整常数:十六进制整常数的前缀为 0X 或 0x。其数码取值为 0~9 及 A~F 或 a~f。

以下各数是合法的十六进制整常数:

0X2A(十进制为 42)、0XA0 (十进制为 160)、0XFFFF(十进制为 65535);

以下各数不是合法的十六进制整常数:

3A(无前缀 0X)、0X5Y(含有非十六进制数码)。

④ 整型常数的后缀。

在 16 位字长的机器上,基本整型常数的长度也为 16 位,因此表示的数的范围也是有限定的。十进制无符号整常数的范围为 0~65535,有符号数为–32768~+32767。八进制无符号数的表示范围为 0~0177777。十六进制无符号数的表示范围为 0X0~0XFFFF 或 0x0~0xFFFF。如果使用的数超过了上述范围,就必须用长整型数来表示。长整型数是用后缀“L”或“1”来表示的。例如,

十进制长整常数:

158L(十进制为 158)、358000L(十进制为 358000);

八进制长整常数:

012L(十进制为 10)、077L(十进制为 63)、0200000L(十进制为 65536);

十六进制长整常数:

0X15L(十进制为 21)、0XA5L(十进制为 165)、0X10000L(十进制为 65536)。

长整数 158L 和基本整常数 158 在数值上并无区别。但对于 158L,因为是长整型量,C 编译系统将为它分配 4 个字节的存储空间。而对 158,因为是基本整型,只分配 2 个字节的存储空间。因此在运算和输出格式上要予以注意,避免出错。

无符号数也可用后缀表示,整型常数的无符号数的后缀为“U”或“u”。例如,

358u,0x38Au,235Lu 均为无符号数。

前缀、后缀可同时使用以表示各种类型的数。例如,0XA5Lu 表示十六进制无符号长整数 A5,其十进制为 165。

2) 整型变量

① 整型变量的定义。变量定义的一般形式为

类型说明符　变量名标识符,变量名标识符,…;

例如,

int a,b,c;(a,b,c 为整型变量)

long x,y;(x,y 为长整型变量)

unsigned p,q;(p,q 为无符号整型变量)

在书写变量定义时,应注意以下几点。

● 允许在一个类型说明符后,定义多个相同类型的变量。各变量名之间用逗号间隔。类型说明符与变量名之间至少用一个空格间隔。

- 最后一个变量名之后必须以"；"结尾。
- 变量定义必须放在变量使用之前。一般放在函数体的开头部分。

② 类型。

- 基本型：类型说明符为 int，在内存中占 2 个字节。
- 短整型：类型说明符为 short int 或 short，所占字节和取值范围均与基本型相同。
- 长整型：类型说明符为 long int 或 long，在内存中占 4 个字节。

3) 无符号型

无符号型类型说明符为 unsigned。

2. 实型数据

实型也称为浮点型。实型数据分为实型常量和实型变量。

1) 实型常量

实型常量也称为实数或者浮点数。在 C 语言中，实数只采用十进制。它有两种形式：十进制小数形式和指数形式。

① 十进制小数形式：由数码 0～9 和小数点组成。例如，

0.0、25.0、5.789、0.13、5.0、300.、−267.8230

等均为合法的实数。注意，必须有小数点。

② 指数形式：由十进制数加阶码标志"e"或"E"以及阶码(只能为整数，可以带符号)组成。其一般形式为

a E n(a 为十进制数，n 为十进制整数)

其值为 a*10n。如：

2.1E5(等于 $2.1*10^5$)

3.7E-2(等于 $3.7*10^{-2}$)

0.5E7(等于 $0.5*10^7$)

−2.8E-2(等于 $−2.8*10^{-2}$)

以下不是合法的实数：

345(无小数点)

E7(阶码标志 E 之前无数字)

−5(无阶码标志)

53.-E3(负号位置不对)

2.7E(无阶码)

标准 C 语言允许浮点数使用后缀。后缀为"f"或"F"，即表示该数为浮点数，如356f 和 356 是等价的。

2) 实型变量

实型变量分为单精度(float 型)、双精度(double 型)和长双精度(long double 型)三类。

在 Dev-C++ 中，单精度型占 4 个字节(32 位)内存空间，其数值范围为 3.4E-38～3.4E+38，只能提供 7 位有效数字。双精度型占 8 个字节(64 位)内存空间，其数值范围为1.7E-308～1.7E+308，可提供 16 位有效数字，如表 1.1 所示。

表 1.1 实型数据类型

类型说明符	比特数(字节数)	有效数字	数的范围
float	32(4)	6～7	$10^{-37}\sim10^{38}$
double	64(8)	15～16	$10^{-307}\sim10^{308}$
long double	128(16)	18～19	$10^{-4931}\sim10^{4932}$

实型变量定义的格式和书写规则与整型相同。例如，

float x,y; (x,y 为单精度实型量)

double a,b,c; (a,b,c 为双精度实型量)

3) 实型数据的舍入误差

由于实型变量是由有限的存储单元组成的，因此能提供的有效数字总是有限的。如下例：

【例 1-6】 实型数据的舍入误差。

```
/*实型数据的舍入误差*/
/*头文件*/
#include "stdio.h"

/*主函数*/
main()
{
    /*定义变量*/
    float a,b;

    /*核心处理*/
    a=123456.789e5;
    b=a+20;

    /*输出结果*/
    printf("%f\n",a);
printf("%f\n",b);
return 0;
    }
```

运行结果如下：

12345678848.000000

12345678848.000000

① 从本例可以看出，由于 a 是单精度浮点型，有效位数只有 7 位，故 7 位之后均为无效数字，即 a 的整数部分后 4 位 8848 为无效数据。

② 同样的，由于 a 的后 4 位是无效数据，因此不能进行有效的运算，所以加上 20 得到的仍是无效数据，因此 b 的整数部分后 4 位 8848 也是无效数据。

【例 1-7】 单精度和双精度实型数据的有效数字。

```
/*单精度和双精度实型数据的有效数字*/
/*头文件*/
#include "stdio.h"


/*主函数*/
main()
{

    /*定义变量*/
    float a;

    /*核心处理*/
    double b;
    a=33333.33333;
    b=33333.33333333333333;
    /*输出结果*/
    printf("%f\n",a);
    printf("%lf\n",b);

    return 0;
}
```

运行结果如下：

33333.332031

33333.333333

① 从本例可以看出，由于 a 是单精度浮点型，有效位数只有 7 位，而整数已占 5 位，故小数 2 位后均为无效数字，即 a 的后 4 位 2031 为无效数据。

② b 是双精度型，有效位为 16 位。但 Dev-C++规定小数后最多保留 6 位，其余部分四舍五入，因此 b 只有 6 位小数。

③ 实型常数不分单、双精度，都按双精度 double 型处理。

3. 字符型数据

字符型数据包括字符常量和字符变量。

字符数据的输入/输出除了标准输入/输出语句之外，还有两个重要的库函数，即 putchar()和 getchar()。

1）putchar 函数(字符输出函数)

putchar 函数是字符输出函数，其功能是在显示器上输出单个字符。其一般形式为

putchar(字符变量)

例如，

　　putchar('A');　　（输出大写字母 A）

　　putchar(x);　　（输出字符变量 x 的值）

　　putchar('\101');　（也是输出字符 A）

　　putchar('\n');　　（换行）

对控制字符则执行控制功能，不在屏幕上显示。

使用本函数前必须要用文件包含命令：

　　#include<stdio.h>

或

　　#include "stdio.h"

【例 1-8】　输出单个字符。

```
/*输出单个字符*/
/*头文件*/
#include "stdio.h"

/*主函数*/
main()
{

    /*定义变量*/
    char a='B',b='o',c='k';/*定义 3 个字符型变量，分别赋初值为 B，o，k*/

    /*核心处理*/

    /*输出结果*/
    putchar(a);   /*输出变量 a 的值*/
    putchar(b);   /*输出变量 b 的值*/
    putchar(b);
    putchar(c);     /*输出变量 c 的值*/
    putchar('\t');  /*Tab*/
    putchar(a);
    putchar(b);
    putchar('\n');  /*换行*/
    putchar(b);
    putchar(c);

    return 0;
}
```

运行结果如下：

```
Book    Bo
ok
```

2) getchar函数(键盘输入函数)

getchar 函数的功能是从键盘上输入一个字符。其一般形式为

```
getchar();
```

通常把输入的字符赋予一个字符变量，构成赋值语句，例如，

```
char c;
    c=getchar();
```

【例 1-9】 输入单个字符。

```
/*输入单个字符*/
/*头文件*/
#include "stdio.h"

/*主函数*/
main()
{

    /*定义变量*/
    char c;/*定义一个字符型变量*/

    /*输入数据*/
    printf("input a character\n");
    c=getchar();

    /*核心处理*/

    /*输出结果*/
    putchar(c);      /*输出变量 c 的值*/
    return 0;

}
```

使用 getchar 函数还应注意以下几个问题：

① getchar 函数只能接受单个字符，输入数字也按字符处理。输入多于一个字符时，只接收第一个字符。

② 使用本函数前必须包含文件"stdio.h"。

③ 程序最后两行可用下面两行的任意一行代替：

```
putchar(getchar());
printf("%c",getchar());
```

任务七　养成好的编程习惯——注释

从书写清晰，便于阅读、理解、维护的角度出发，在书写程序时应遵循以下规则：

① 一个说明或一个语句占一行。

② 用{}括起来的部分，通常表示程序的某一层次结构。{}一般与该结构语句的第一个字母对齐，并单独占一行。

③ 低一层次的语句或说明可比高一层次的语句或说明缩进若干格后书写，以便看起来更加清晰，增加程序的可读性。

④ 多加注释。

在 C 语言源程序中，注释可分为三种情况：第一种是在函数体内对语句的注释；第二种是在函数之前对函数本身的注释；第三种是在源程序文件开始处，对整个程序的总体说明。

C 语言注释的符号为/*xxxx*/，其中 /* 和 */之间的内容为注释内容。注意，/和*之间不能有间隔。

在编程时应力求遵循这些规则，以养成良好的编程风格。

思 考 与 练 习

一、选择题

1. 一个 C 程序的执行是从(　　)。

　　A．程序的 main()函数开始，直到 main()函数结束

　　B．程序的第一个函数开始，直到最后一个函数结束

　　C．程序的第一个语句开始，直到最后一个语句结束

　　D．程序的 main()函数开始，直到最后一个函数结束

2. C 语言源程序的基本单位是(　　)。

　　A．过程　　　　B．函数　　　　C．子程序　　　　D．标识符

3. 对于 C 语言中字母大小写的使用，以下叙述正确的是(　　)。

　　A．C 程序中所有字母都必须大写

　　B．C 程序中的关键字必须小写，其他标识符不区分大小写

　　C．C 程序中所有关键字必须用小写

　　D．C 程序中所有字母都不区分大小写

4. C 语言中的标识符只能由英文字母、数字和下划线 3 种字符组成，其中第一个字符(　　)。

　　A．必须为英文字母

　　B．必须为下划线

　　C．必须为英文字母或下划线

D．可以为英文字母、数字和下划线中任一种字符

5．下列选项中可以作为 C 语言用户标识符的一组是(　　)。

A．void, define, word　　　　　B．a3_b3, _123, IF

C．for, _abc, case　　　　　　D．2a, do, sizeof

6．若有以下定义，则能使值为 3 的表达式是(　　)。

int k=7,x=12;

A．x%=(k%=5)　　　　　　B．x%=(k-k%5)

C．x%=k-k%5　　　　　　D．x%=k)-(k%=5)

7．若有定义:int a=5;flout x=3.5,y=3.6;则表达式 x+a%3*(int)(x+y)%2/5 的值是(　　)。

A．2.500000　　B．2.750000　　C．3.500000　　D．0.000000

8．若 x、i、j、k 都是 int 型变量，则表达式 x=(i=4,j=16,k=32)的运算结果为(　　)。

A．4　　　　B．16　　　　C．32　　　　D．52

9．设 x,y 均为 float 型变量，则以下不合法的赋值语句是(　　)。

A．++x;　　B．y=(x%2)/5　　C．x*=y+8　　D．x=y=0

10．假设 int 型变量 a 的初值为 12，语句 printf("a=%d,a=%o,a=%x\n",a,a,a,);的输出结果是(　　)。

A．a=12,a=12,a=12　　　　B．a=12,a=14,a=c

C．a=12 ,a=14,a=0xc　　　　D．a=12,a=13,a=14

二、填空题

1．C 语言基本符号集采用_____字符集。

2．C 语言源程序的语句分隔符是_____。

3．一个 C 语言程序是由一个或若干个_____构成，其中有一个_____函数。

4．函数体由_____开始，_____结束，注释部分以_____开始，以_____结束。

5．函数由_____和_____两部分组成。

6．C 语言源程序文件经过_____后生成目标程序，目标程序经_____后生成可执行文件。

7．C 语言源程序文件的扩展名为_____；目标文件的扩展名为_____；可执行文件的扩展名为_____。

8．int x,y 执行 y=(x=1,++x,x+2);后赋值表达式的值为_____。

9．假设 int 型变量 a 的初值为 10，表达式 a+=a-=a*=a 的值为_____。

10．字符'A'和'a'的 ASCII 代码值分别为_____和_____。

三、编程题

1．输入一个小写字母，输出对应的大写字母。

2．输入一个华氏温度°F，将它转换为摄氏温度℃。(转换公式为 C=5/9*(°F—32))。

3．输入一个圆的半径，求其周长和面积并输出。

4．输入两个整型变量 a 和 b 的值，求 a 除以 b 的余数并输出。

5．输入一个数字字符('0' ～ '9')，将其转换为相应的整数后输出。例如，输入数字字符 '8'，将其转换为整数并输出整数 8。

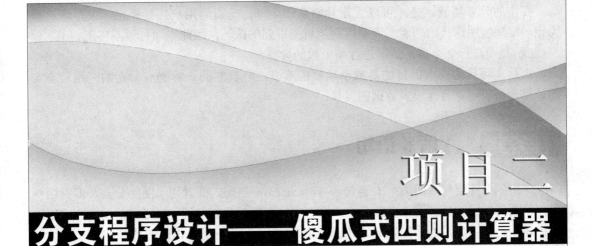

分支程序设计——傻瓜式四则计算器

项目二

傻瓜式四则计算器的功能是能进行加减乘除运算，不考虑 4 种运算的优先级，按从左到右的顺序计算(即 2+3*5 先计算 2+3，再计算 5*5。本章用"*"表示乘号)。

从键盘输入一个四则运算表达式(没有空格和括号)，遇到等号"="说明输入结束，输出结果。

为简化运算，要求运算数不超过 4 个，运算数和结果都是整数。

任务一 细化功能

经过分析，我们可以把功能细化如下：

(1) 能够进行加减乘除运算。

这是本项目最基本最核心的功能，也是大家在使用计算器时最常用的功能。该功能与真实的计算器有一定的区别，目的是减小项目的难度。

真实的计算器应该还可以进行平方、开方、求绝对值、求正弦余弦等多种多样的运算。

(2) 运算数和结果都是整数。

这是本项目的要求。

真实的运算器还可以进行浮点数的运算，这个功能将在项目扩展里进行讨论。

(3) 四种运算符的优先级相同，按从左到右的顺序计算。

这是本项目的假设，与真实的计算器有一定的区别，目的是减小项目的难度。

真实的计算器应该是：先做乘除，后做加减；有小括号时要先做小括号里的运算。要实现这样的功能需要用到数据结构中的堆栈，因此本项目暂不实现。

(4) 输入一个表达式，运算到出现"="即输出结果，程序结束。

这是本项目的要求，与真实的计算器有一定的区别。

真实的计算器应该是：可以重新开始新的运算，一直到用户想要停止，关掉运算器为止。要想实现这样的功能，需要用到项目三讲到的循环，因此本项目暂不实现。

(5) 最少进行 2 个数，最多进行 4 个数的运算。

这是本项目的要求，目的是减小项目的难度，与真实的计算器有一定的区别。真实的计算器可以随意进行较多数据的运算。

任务二　了解 if 语句

常用的分支语句有两类：if 语句和 switch case 语句，前者用于两路分支，即有两种可能的执行情况；后者用于多路分支，即有多种可能的执行情况。if 语句是用来判定所给定的条件是否满足，并根据判定的结果(真或假)来决定执行所给出的两种操作之一。

C 语言提供了三种形式的 if 语句。

1) if(表达式)语句

例如，

```
if(x>y)
printf("%d", x);
```

例如，任意输入两个实数，按代数值由小到大输出这两个数。

```
main()
{
    float a,b,t;
    scanf("%f,%f",&a,&b);
    if(a>b)
        {
            t=a;
            a=b;
            b=t;
        }                    /*功能为交换 a 与 b 的值*/
    printf("%5.2f,%5.2f",a,b);
    return 0;
}
```

运行示例：

```
3.6 , -3.2✓
-3.2, 3.6
```

2) if(表达式)语句1 else语句2

例如，

```
if(x>y)
printf("%d",x);
else
```

```
printf("%d",y);
```

3) else if语句

else if 语句的一般格式为

```
if(表达式 1)
    语句 1
else if(表达式 2)
    语句 2
else if(表达式 3)
    语句 3
else if(表达式 m)
    语句 m
else
    语句 n
```

其流程图如图 2.1 所示。

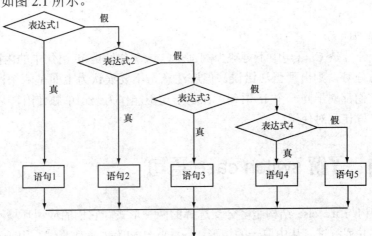

图 2.1　if…else 语句结构流程图

例如，

```
scanf("%d", &number);
if (number>500)
    cost=0.15;
else if (number>300)
    cost=0.10;
else if (number>100)
    cost=0.075;
else if (number>50)
    cost=0.05;
else
    cost=0;
```

说明：

(1) 三种形式的 if 语句中，在 if 后面都有"表达式"，一般为逻辑表达式或关系表达式，如，

```
if(a==b&&x==y)
    printf("a=b,x=y");
```

在执行 if 语句时先对表达式求解，若表达式的值为 0，则按"假"处理；若表达式的值为非 0，则按"真"处理，之后执行指定的语句。例如有以下 if 语句：

```
if(3)
    printf("O.K.");
```

语句为真，应执行输出"O.K."的操作。

(2) 第 2、第 3 种形式的 if 语句中，在每个 else 前面有一分号，整个语句结束处有一分号。例如，

```
if(x>0)
printf("%f",x);
else
printf("%f",-x);
```

这是由于分号是 C 语句中不可缺少的部分，这个分号是 if 语句中的内嵌语句所要求的。如果无此分号，则出现语法错误。但应注意，不要误认为上面是两个语句(if 语句和 else 语句)，它们都属于同一个 if 语句。else 子句不能作为语句单独使用，它必须是 if 语句的一部分，与 if 配对使用。

任务三　了解 switch case 语句

switch 结构与 if…else 结构是多分支选择的两种形式。它们的应用环境不同：if…else 用于对多条件并列测试，从中取一的情形；switch 结构为单条件测试，用于从多种结果中取一种的情形。

1. switch 语句的一般格式

switch 语句的一般格式为

```
switch(表达式)
    {
        case   常量表达式 1：语句组 1；[break; ]
        case   常量表达式 2：语句组 2；[break; ]
        case   常量表达式 n：语句组 n；[break; ]
        [default：语句组；[break; ]]    /*default 子句是可选的*/
    }
```

例如，下面的程序段用于判断学生某门课程的成绩等级。等级规定为：90～100 分为"优秀"，80～89 分为"良好"，70～79 分为"中等"，60～69 分为"及格"，60 分以下

为"不及格"。

```
scanf("%d", &score);
switch(score/10)              /*表达式"score/10"为整型值*/
{
case   10:
case    9：printf("优秀\n");break;
case    8：printf("良好\n");break;
case    7：printf("中等\n");break;
case    6：printf("及格\n");break;
default：printf("不及格\n");
}
```

2．switch 语句的执行过程

(1) 当 switch 后面"表达式"的值与某个 case 后面的"常量表达式"的值相同时，就执行该 case 后面的语句(组)；当执行到 break 语句时，跳出 switch 语句，转向执行 switch 语句下面的语句(即右花括号下面的第一条语句)。

(2) 如果没有任何一个 case 后面的"常量表达式"的值与"表达式"的值匹配，则执行 default 后面的语句(组)。然后，再执行 switch 语句下面的语句。

3．switch case 语句相关说明

(1) switch 后面的"表达式"可以是 int、char 和枚举型中的一种。

(2) 每个 case 后面"常量表达式"的值必须各不相同，否则会出现相互矛盾的现象(即对表达式的同一值，有两种或两种以上的执行方案)。

(3) case 后面的常量表达式仅起语句标号作用，并不进行条件判断。系统一旦找到入口标号，就从此标号开始执行，不再进行标号判断，所以必须加上 break 语句，以便结束 switch 语句。

(4) 各 case 及 default 子句的先后次序不影响程序执行结果。

(5) 多个 case 子句可共用同一语句(组)。

(6) 用 switch 语句实现的多分支结构程序，完全可以用 if 语句和 if 语句的嵌套来实现。

4．需要注意的问题

(1) switch 结构的执行部分是一个由一些 case 子结构与一个可缺省的 default 子结构组成的复合语句。(要特别注意写一对花括号。)

(2) switch 后面的条件表达式一般是一个整数表达式(或字符表达式)，与之对应，case 后面应是一个整数或字符，也可以是不含变量与函数的常数表达式。

(3) 一个 switch 结构中不可以出现两个 case 具有相同的常量表达式值。例如，

case 3+2：

case 8−3：

是不允许的。

(4) switch 结构允许嵌套。

任务四　实例体验

在设计完整的项目之前，我们先演示一个具体的例子，从这个例子大家可以体会本项目的处理过程。这种思想可以应用到更多的问题和应用上，总结起来，就是"数据驱动，手脑并用，步步模拟，豁然贯通"。

比如 1*2+3-4=，用我们的运算器进行运算，其步骤如下。

实例体验
约定：以下内容中斜体字表示注解。
计算 1*2+3-4=
(1) 从键盘读入 1 个操作数，值为 1。 (2) 从键盘读入 1 个操作符，值为 "*"。 (3) 从键盘读入第 2 个操作数，值为 2。 (4) 1*2，得到结果，值为 2。
*以上 4 步为一个基本运算单元，其作用是计算 1*2。*
(5) 从键盘读入第 2 个操作符，值为 "+"。 (6) 判断第 2 个操作符是否是 "="，如果是，则输出运算结果，程序结束。 (7) 如果不是，则读取第 3 个操作数，值为 3。 (8) 2+3，得到结果，值为 5。
以上 4 步为一个基本运算单元，作用是计算 2+3，即上次运算结果和新操作数进行相应运算。
(9) 从键盘读入第 3 个操作符，值为 "-"。 (10) 判断第 3 个操作符是否是 "="，如果是，则输出运算结果，程序结束。 (11) 如果不是，则读取第 4 个操作数，值为 4。 (12) 5-4，得到结果，值为 1。
以上 4 步为一个基本运算单元，作用是计算 5-4，即上次运算结果和新操作数进行相应运算。
(13) 从键盘读入第 4 个操作符。 (14) 判断第 4 个操作符是否是 "="，如果是，则输出运算结果，程序结束。
计算完成，1 即为最终输出结果，程序结束。

任务五　算法归纳

根据任务一细化的功能和任务四中的实例，我们可以设计以下几步实现功能，这些步骤即可称为算法。

简单运算器的算法
约定：以下内容中斜体字表示注解。
计算四则运算式 a1 opt1 a2 opt2 a3 opt3 a4=
(1) 从键盘读入 1 个操作数，设为 a1。 (2) 从键盘读入 1 个操作符，设为 opt1(含义为第一个运算符，opt: operator 运算符的缩写)。 (3) 从键盘读入第 2 个操作数，设为 a2。 (4) a1、a2 进行运算，得到结果，设为 r1(含义为第一次运算结果，r 为 result 的首字母)。
以上 4 步为一个基本运算单元，其作用是读取 2 个操作数和 1 个操作符，并进行相应运算。
(5) 从键盘读入第 2 个操作符，设为 opt2(含义为第二个运算符)。 (6) 判断 opt2 是否是 "="，如果是，则程序结束，输出运算结果 r。 (7) 如果不是，则读取第 3 个操作数，设为 a3。 (8) r1、a3 进行运算，得到结果，设为 r2 (含义为第二次运算结果)。
以上 4 步为一个基本运算单元，其作用是读取 1 个操作数和 1 个操作符，并把上次运算结果和新操作数进行相应运算。
(9) 从键盘读入第 3 个操作符，设为 opt3(含义为第三个运算符)。 (10) 判断 opt3 是否是 "="，如果是，则程序结束，输出运算结果 r。 (11) 如果不是，则读取第 4 个操作数，设为 a4。 (12) r2、a4 进行运算，得到结果，设为 r3(含义为第三次运算结果)，r3 即为最终运算结果，输出即可。
以上 4 步为一个基本运算单元，其作用是读取 1 个操作数和一个操作符，并把上次运算结果和新操作数进行相应运算。
由本项目开始提出的任务可知，本项目最多进行 4 个操作数的 3 次运算，因此最多进行上面 3 个运算单元即可。
(13) 从键盘读入第 4 个操作符。 (14) 判断第 4 个操作符是否是 "="，如果是，则输出运算结果，程序结束。
计算结束，r3 即为最终输出结果，程序结束。

任务六　画流程图

用流程图的方式表示上述算法，如图 2.2 所示。

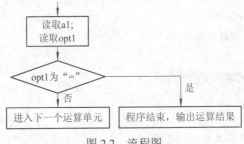

图 2.2　流程图

任务七 项目实现

程序实现 1：

```
/*   if 语句实现的傻瓜运算器   */
/*头文件*/
#include "stdio.h"
/*主函数*/
main()
{
    /*定义变量*/
    int a1,a2,a3,a4;        /*定义 4 个整型变量，作为运算的操作数*/
    char opt;               /*定义操作符*/
    int r1,r2,r3;           /*定义 3 个整型变量，分别作为 3 次运算的结果*/

    /*输入数据*/
    /*输入提示*/
    printf("请输入您要计算的+-*/四则运算式(不带括号和空格，以=结尾): \n");

    /*以下是第 1 个运算单元*/
    scanf("%d",&a1);    /*读第 1 个操作数*/
    opt=getchar();      /*读第 1 个操作符  */
    scanf("%d",&a2);    /*读第 2 个操作数*/

    /*进行第 1 次运算*/
    if(opt=='+')            /*操作符为+ */
        r1= a1+a2;          /*进行加法运算*/
    if(opt=='-')            /*操作符为– */
        r1= a1-a2;          /*进行减法运算*/
    if(opt=='*')            /*操作符为*  */
        r1= a1*a2;          /*进行乘法运算*/
    if(opt=='/' &&a2!=0)  /*  操作符为\，进行除法运算，要判断除数是否为 0*/
        r1= a1/a2;
    if(opt=='/' &&a2==0)
        printf("\n 除数不能为 0！\n" );

    opt=getchar();/*读第 2 个操作符  */

    /*输出结果*/
    if(opt=='=')   /*遇见=，运算结束*/
```

```
    {
        printf("\n 傻瓜运算器计算结果为：%d\n",r1);  /*输出结果*/
        exit(0);/*程序结束*/
    }


/*以上是第 1 个运算单元*/


/*以下是第 2 个运算单元*/
scanf("%d",&a3);        /*读第 3 个操作数*/


/*进行第 2 次运算*/
if(opt=='+')            /*操作符为+ */
        r2= r1+a3;      /*进行加法运算*/
if(opt=='-')            /*操作符为– */
        r2= r1-a3;      /*进行减法运算*/
if(opt=='*')            /*操作符为*   */
        r2= r1*a3;      /*进行乘法运算*/
if(opt=='/'&&a3!=0)     /*操作符为\，进行除法运算，要判断除数是否为 0*/
        r2= r1/a3;      /*进行除法运算*/
if(opt=='/'&&a3==0)
        printf("\n 除数不能为 0！\n");


opt=getchar();          /*读第 3 个操作符 */
/*输出结果*/
if(opt=='=')            /*遇见=，运算结束*/
    {
        printf("\n 傻瓜运算器计算结果为：%d\n",r2); /*输出结果*/
        exit(0);        /*程序结束*/
    }


/*以上是第 2 个运算单元*/
/*以下是第 3 个运算单元*/
scanf("%d",&a4);        /*读第 4 个操作数*/


 /*进行第 3 次运算*/
if(opt=='+')            /*操作符为+ */
        r3= r2+a4;      /*进行加法运算*/
if(opt=='-')            /*操作符为–*/
        r3= r2-a4;      /*进行减法运算*/
if(opt=='*')            /*操作符为*  */
```

```
        r3= r2*a4;          /*进行乘法运算*/
    if(opt=='/'&&a4!=0)    /*操作符为\，进行除法运算，要判断除数是否为 0*/
        r3= r2/a4;          /*进行除法运算*/
    if(opt=='/'&&a4==0)
        printf("\n 除数不能为 0！\n");
    opt=getchar();          /*读第 3 个操作符  */
    /*输出结果*/
    if(opt=='=')            /*遇见=，运算结束*/
    {
        printf("\n 傻瓜运算器计算结果为：%d\n",r3);   /*输出结果*/
        exit(0);            /*程序结束*/
    }
    /*以上是第 3 个运算单元*/
    return 0;
}
```

程序分析如下：

(1) 结构分析：

- 定义变量：2～3 行。
- 输入数据：4～6 行。
- 核心处理：7～15 行。
- 输出结果：16～17 行。

(2) 语句类型分析：

- 定义变量：2～3 行。
- 赋值语句：x 行。
- 分支语句：y 行，这是本章出现的新语句。
- 循环语句：本项目没有用到循环。

(3) 运行结果：

运行结果如图 2.3 所示。

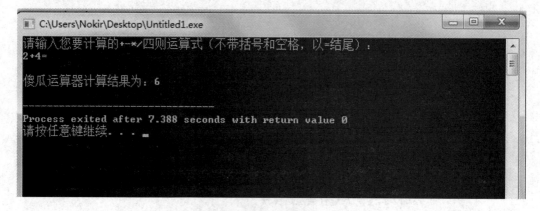

图 2.3　运行结果

程序实现 2：

```
/*  if 和 switch case 语句共同实现的傻瓜运算器   */
/*头文件*/
#include "stdio.h"

/*主函数*/
main()
{
    /*定义变量*/
    int a1,a2,a3,a4;            /*定义 4 个整型变量，作为运算的操作数*/
    char opt;                   /*定义操作符*/
    int r1,r2,r3;               /*定义 3 个整型变量，分别作为 3 次运算的结果*/

    /*输入数据*/
    /*输入提示*/
    printf("请输入您要计算的+-*/四则运算式(不带括号和空格，以=结尾): \n");

    /*1 以下是第 1 个运算单元*/

    scanf("%d",&a1);            /*读第 1 个操作数*/
    opt=getchar();             /*读第 1 个操作符  */
    scanf("%d",&a2);            /*读第 2 个操作数*/

    /*进行第 1 次运算*/
    switch(opt)
    {
        case   '+':             /*操作符为+ */
            r1= a1+a2;          /*进行加法运算*/
            break;
        case   '-':             /*操作符为- */
            r1= a1-a2;          /*进行减法运算*/
            break;
        case   '*':             /*操作符为*  */
            r1= a1*a2;          /*进行乘法运算*/
            break;
        case   '/':  /* 操作符为\，进行除法运算，要判断除数是否为 0*/
            if(a2!=0)
                    r1= a1/a2;
            else
                printf("\n 除数不能为 0! \n" );
```

```
                      break;
            default: printf("输入错误\n");      /*输入错误提示*/
        }

        opt=getchar();                          /*读第二个操作符 */

        /*输出结果*/
        if(opt=='=')                            /*遇见=，运算结束*/
        {       z
            printf("\n 傻瓜运算器计算结果为：%d\n",r1);   /*输出结果*/
            exit(0);                            /*程序结束*/
        }
        /*1 以上是第 1 个运算单元*/


        /*2 以下是第 2 个运算单元*/
        scanf("%d",&a3);                        /*读第 3 个操作数*/


        /*进行第 2 次运算*/
        switch(opt)
        {
            case    '+':                        /*操作符为+ */
                    r2= r1+a3;                  /*进行加法运算*/
                    break;
            case    '-':                        /*操作符为- */
                    r2= r1-a3;                  /*进行减法运算*/
                    break;
            case    '*':                        /*操作符为*  */
                    r2= r1*a3;                  /*进行乘法运算*/
                    break;
            case    '/':                        /*操作符为\，进行除法运算，要判断除数是否为 0*/
                    if(a2!=0)
                            r2= r1/a3;
                    else
                            printf("\n 除数不能为 0！\n" );
                    break;
            default: printf("输入错误\n");       /*输入错误提示*/
        }

        opt=getchar();                          /*读第 3 个操作符 */
        /*输出结果*/
        if(opt=='=')                            /*遇见=，运算结束*/
```

```
    {
        printf("\n 傻瓜运算器计算结果为：%d\n",r2); /*输出结果*/
        exit(0);/*程序结束*/
    }


/*2 以上是第 2 个运算单元*/


/*3 以下是第 3 个运算单元*/
scanf("%d",&a4);                /*读第 4 个操作数*/
    /*进行第 3 次运算*/
    switch(opt)
    {
        case    '+':                /*操作符为+ */
                r3= r2+a4;        /*进行加法运算*/
                break;
        case    '-':                /*操作符为- */
                r3= r2-a4;        /*进行减法运算*/
                break;
        case    '*':                /*操作符为*    */
                r3= r2*a4;        /*进行乘法运算*/
                break;
        case    '/':    /* 操作符为\，进行除法运算，要判断除数是否为 0*/
            if(a2!=0)
                    r3= r2/a4;
            else
                    printf("\n 除数不能为 0！\n" );
            break;
        default: printf("输入错误\n");        /*输入错误提示*/
    }


opt=getchar();                    /*读第 3 个操作符  */
/*输出结果*/
if(opt=='=')                    /*遇见=，运算结束*/
    {
        printf("\n 傻瓜运算器计算结果为：%d\n",r3); /*输出结果*/
        exit(0);                /*程序结束*/
    }
    /*3 以上是第 3 个运算单元*/

}
```

任务八　项目扩展

商店卖西瓜，20 斤以上的每斤 0.85 元；重于 15 斤轻于等于 20 斤的，每斤 0.90 元；重于 10 斤轻于等于 15 斤的，每斤 0.95 元；重于 5 斤轻于等于 10 斤的，每斤 1.00 元；轻于或等于 5 斤的，每斤 1.05 元。输入西瓜的重量，输出应付的货款。

1．嵌套 if 结构

要处理这种多重条件判断的情况，除了用前面介绍的 switch 结构和 if…else 结构外，还可以用嵌套 if 结构。嵌套 if 结构就是将整个 if 语句块插入到另一个 if 语句块中，其一般形式可表示如下：

```
if(表达式 1)
        if(表达式 2)
                if(表达式 3)
                        语句；
        else
                语句；
```

在嵌套内的 if 语句可能又是 if…else 型的，这将会出现多个 if 和多个 else 重叠的情况，这时要特别注意 if 和 else 的配对问题。例如，

```
if (x > 0)
            if (y > 1)
                z = 1;
        else /*这个 else 部分属于哪个 if? */
                z = 2;
```

C 语言规定，else 总是与它前面最近的 if 配对，因此对上述例子的 else 应与 if(y>1) 配对。为了增加程序的可读性，提倡使用大括号括起来以避免看起来有二义性。

2．实例体验

先演示一个具体的例子，通过这个例子来体会这个项目的处理过程。例如，计算 8 斤西瓜应付的货款。

实例体验
约定：以下内容中斜体字表示注解。
计算 8 斤西瓜应付的货款。
(1) 从键盘读入西瓜的重量，值为 8。 (2) 判断 8 是否满足第 1 个条件：20 斤以上。 (3) 不满足，则判断 8 是否满足第 2 个条件：重于 15 斤轻于等于 20 斤。 (4) 不满足，则判断 8 是否满足第 3 个条件：重于 10 斤轻于等于 15 斤。 (5) 不满足，则判断 8 是否满足第 4 个条件：重于 5 斤轻于等于 10 斤。 (6) 满足，则将 8*1.00 的结果输出，程序结束。
计算完成，8.00 即为最终输出结果，程序结束。

3．算法归纳

根据实例体验，我们可以设计以下几步实现功能，即算法如下。

算法
约定：以下内容中斜体字表示注解。
输入西瓜的重量x，输出应付的货款m。
(1) 从键盘读入西瓜的重量x。 (2) 判断x是否大于20，如果是，则输出x*0.85，程序终止。 (3) 判断x是否大于15且小于等于20，如果是，则输出x*0.9，程序终止。 (4) 判断x是否大于10且小于等于15，如果是，则输出x*0.95，程序终止。 (5) 判断x是否大于5且小于等于10，如果是，则输出x*1.00，程序终止。 (6) 输出x*1.05，程序终止。
程序结束。

4．流程图

该任务的流程图如图 2.4 所示。

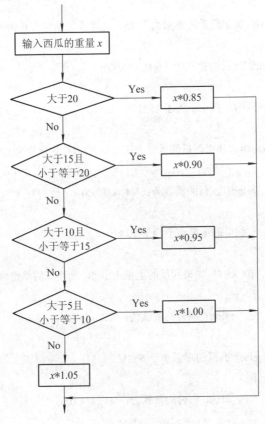

图 2.4 流程图

5. 项目实现

```
/* 头文件 */
#include "stdio.h"
#include "conio.h"
/* 主函数 */
main()
{
    int x; /* 定义变量，存储西瓜的重量 */
    printf("请输入西瓜的重量：\n");    /* 输入提示 */
    scanf("%d",&x); /* 读取西瓜的重量 */
    /* 判断西瓜的单价 */
    if(x>20) /* 如果西瓜的重量大于 20，则西瓜的单价为 0.85 */
        {
                printf("应付的货款为：%f",x*0.85);
        }
    else /*西瓜的重量小于等于 20  */
    {
        if(x>15) /* 如果西瓜的重量大于 15，则西瓜的单价为 0.90 */
        {
            printf("应付的货款为：%f",x*0.90);
        }
        else/*  西瓜的重量小于等于 15*/
        {
            if(x>10) /*如果西瓜的重量大于 10，则西瓜的单价为 0.95   */
            {
                printf("应付的货款为：%f",x*0.95);
            }
            else/*  西瓜的重量小于等于 10 */
            {
                if(x>5) /*  如果西瓜的重量大于 5，则西瓜的单价为 1.00 */
                {
                    printf("应付的货款为：%f",x*1.00);
                }
                else/*西瓜的重量小于 5   */
                {
                    printf("应付的货款为：%f",x*1.05);
                }
            }
```

```
        }
    }
    return 0;
}
```

思 考 与 练 习

一、选择题

1. 逻辑运算符两侧运算对象的数据类型是(　　)。

    A．只能是 0 或 1　　　　　　　　B．只能是 0 或非 0 整数

    C．只能是整型或字符型数据　　　D．可以是任何类型的数据

2. 能正确表示"当 x 的取值在[5,20]和[100,120]范围内为真，否则为假"的表达式是(　　)。

    A．(x>=5) && (x<=20) && (x>=100) && (x<=120)

    B．(x>=5) && (x<=20) || (x>=100) && (x<=120)

    C．(x>=5) ||　(x<=20) && (x>=100) || (x<=120)

    D．(x>=5) || (x<=20) && (x>=100) || (x<=120)

3. 判断字符型变量 ch 是否为小写字母的正确表达式是(　　)。

    A．'a' <= ch <= 'z'　　　　　　　B．(ch>='a') & (ch<='z')

    C．(ch>='a') && (ch<='z')　　　　D．('a'<=ch) AND ('z'>=ch)

4. 已知 x=43，ch='A'，y=0；则表达式(x>=y && ch<'B' && !y)的值是(　　)。

    A．0　　　　　　　　　　　　　B．语法错

    C．1　　　　　　　　　　　　　D．假

5. 以下哪个表达式为真时，不能表示整数 i 为奇数？(　　)

    A．i%2==0　　　　　　　　　　B．!(i%2==0)

    C．!(i%2)　　　　　　　　　　　D．i%2

6. 若有：int a=1，b=2，c=3，d=4，m=2，n=2A；执行(m=a>b) && (n=c>d)后 n 的值是多少？(　　)

    A．1　　　　　B．2　　　　　　C．3　　　　　　D．4

7. 以下不正确的 if 语句形式是(　　)。

    A．if(x>y&&x!=y);

    B．if(x==y)x+=y;

    C．if(x!=y) scanf("%d",&x) else scanf("%d",&y);

    D．if(x<y) {x++;y++;}

8. 已知 int x=10，y=20，z=30；以下语句执行后 x，y，z 的值是多少？(　　)

    if(x>y)

        z=x;x=y;y=z;

    A．x=10,y=20,z=30　　　　　　B．x=20,y=30,z=30

    C．x=20,y=30,z=10　　　　　　D．x=20,y=30,z=20

9. 以下 if 语句语法正确的是(　　　)。

A. if(x>0)

　　x = x+y;　printf("%f",x);

　　else

　　printf("%f",-x);

B. if(x>0)

　　{x = x+y; printf("%f",x); }

　　else

　　printf("%f",-x);

C. if(x>0)

　　x = x+y;　{printf("%f",x);}

　　else

　　printf("%f",-x);

D. if(x>0)

　　{ x = x+y; } printf("%f",x);

　　else

　　printf("%f",-x);

10. 请阅读以下程序，并作出判断。(　　　)

```
main()
{
    int a=5,b=0,c=0;
    if(a=b+c) printf("***\n");
    else      printf("$$$\n");
}
```

A. 有语法错误，不能通过编译

B. 可以通过编译但不能通过连接

C. 输出***

D. 输出$$$

11. 执行以下代码，其输出结果是什么？(　　　)

```
main()
{
    int a = 2;
    switch(a){
    case 1: printf("one");
    case 2: printf("two");
    case 3: printf("three");
    default:  printf("error");
    }
}
```

A. one

　two

　three

　error

B. one

　two

C. two

D. two

　three

　error

12. 执行下面代码，其输出结果是什么？(　　　)

```
main()
{
```

```
        char ch = 'A';
        switch( ch )
        {
                case 'A':
                case 'B':    printf("*********\n");
                case 'C':    printf("#########\n"); break;
                case 'D':    printf("$$$$$$$$$\n");
                default:     printf("&&&&&\n");
        }
}
```

A. *********
   #########

B. 无输出

C. *********
   #########
   &&&&&

D. *********
   #########
   $$$$$$$$$

二、填空题

1. 当 a=3, b=2, c=1 时，表达式 f=a>b>c 的值是_____。

2. 在 C 语言中，用_____表示逻辑真。

3. C 语言提供的 3 种逻辑符号是_____。

4. 设 x、y、z 都是 int 型变量，请写出描述 "x、y 和 z 中有两个为负数" 的表达式_____。

5. 条件 "2<x<3 或 x<-10" 的 C 语言表达式是_____。

6. 以下程序的运行结果是_____。

```
main()
{
    int x,y,z;
    x = 1; y = 2; z=3;
    x=y--<=x||x+y!=z;
    printf("%d,%d",x,y);
}
```

7. 请阅读以下程序，若运行时输入：1605<回车>时，程序的运行结果是_____。

```
main()
{
    int t,h,m;
    scanf("%d",&t);
    h = (t/100)%12;
    if(h==0) h=12;
    printf("%d:",h);
    m = t%100;
```

```
        if(m<10) printf("0");
        printf("%d",m);
        if(t<1200 || t==2400)
                printf("AM");
        else
                printf("BM");
    }
```

8. 以下程序实现输出 x、y、z 三个数中的最大者，请在横线处填入正确内容。

```
main()
{
    int x=4,y=6,z=7;
    int _____;
    if(_____) u = x;
    else _____u = y;
    if(_____) v = u;
    else_____v=z;
    printf("v=%d",v);
```

9. 输入一个字符，如果它是一个大写字母，则把它变成小写字母；如果它是一个小写字母，则把它变成大写字母；其他字母不变。请填空。

```
main()
{
char ch;
scanf("%c",&ch);
if(_____)
        ch = ch+32;
else if(ch>='a' && ch<='z')
        _____;
        printf("%c",ch);
}
```

10. 当 a=1,b=3,c=5,c=4 时，执行完下面一段程序后 x 的值是_____。请尝试调整下面代码的格式，使其容易理解。

```
if(a<b)
if(c<d) x=1;
else
if(a<c)
if(b<d)    x = 2;
else       x = 3;
else       x=6;
else       x=7;
```

11．当 x=10,y=20；执行完下面一行程序后 max 的值是＿＿＿＿＿＿＿＿。

　　max = (x>y)? x : y;

12．为了避免在嵌套的条件语句 if…else 中产生二义性，C 语言规定：else 子句总是与＿＿＿＿＿＿配对。

三、编程题

1．从键盘输入一个整数，求其绝对值并输出。

2．编程实现求分段函数的值。

$$f(x) = \begin{cases} x^2 + 3x - 4, & x < 0 \text{ 且 } x \neq -4 \\ x2 - 6x + 5, & 0 = x < 10 \text{ 且 } x \neq 1 \text{ 及 } x \neq 5 \\ x^2 - 4x - 1, & \text{其他} \end{cases}$$

要求如下：

(1) 用 if 语句实现分支。自变量 x 与函数值均采用双精度类型。

(2) 自变量 x 值从键盘输入，且输入前要有提示信息。

(3) 分别以 -3.0，-1.0，0，0.5，5.5，-8.5，15.5 作为自变量的值，运行该程序，记录并分析运行结果。

3．输入 3 个整数 x、y、z，请把这 3 个数由小到大输出。

4．判断闰年。

在公历纪年中，有闰日的年份叫闰年，一般年份为 365 天，闰年为 366 天。由于地球绕太阳运行周期为 365 天 5 小时 48 分 46 秒(合 365.24219 天)即一回归年，公历把一年定为 365 天。所余下的时间约为四年累计一天，加在 2 月里，所以平常年份每年 365 天，2 月为 28 天；闰年为 366 天，2 月为 29 天。但这样一算，每 4 年又多算了 44 分 56 秒，每 400 年就要多算 3 天 2 小时 53 分 20 秒，所以就规定了公历年份是整百数的必须是 400 的倍数才是闰年。因此，每 400 年中有 97 个闰年，闰年在 2 月末增加一天，闰年 366 天。

闰年的计算方法：公元纪年的年数可以被 4 整除，即为闰年；被 100 整除而不能被 400 整除为平年；被 100 整除也可被 400 整除的为闰年。如 2000 年是闰年，而 1900 年不是。

要求：从键盘输入一个年份，编程判断其是否为闰年，并输出结果。

步骤：

① 从键盘输入一个正整数，作为年份，且输入前要有提示信息；

② 判断闰年，按照上面所述计算方法进行判断；

③ 输出结果。

例如，输入 2000，输出结果 "2000 年是闰年"。

5．从键盘输入一个整数，判断该整数是否为素数。是素数则输出 "yes"，否则输出 "no"。

6．从键盘输入一个年份值和一个月份值，判断该月的天数。(说明：一年有 12 个月，大月的天数是 31，小月的天数是 30。2 月的天数比较特殊，遇到闰年是 29 天，否则为 28 天。)

7．根据输入的成绩分数 score，输出相应的等级。其对应关系如下：

score≥90 分的同学用 A 表示；

score <90，且 score≥80 分的同学用 B 表示；

score <80，且 score≥70 分的同学用 C 表示；

score <70，且 score≥60 分的同学用 D 表示；

score <60 分的同学用 E 表示。

8．根据输入的成绩等级，输出相应的分数段。等级和分数段的对应情况与上题相同。

9．编写程序计算购买图书的总价格：用户输入图书的定价和购买图书的数量，并分别保存到一个 float 和一个 int 类型的变量中，然后根据用户输入的定价和购买图书的数量，计算合计购书金额并输出。其中，图书销售策略为：正常情况下按九折出售，购书数量超过 10 本打 8.5 折，超过 100 本打 8 折。

10．根据如下要求计算机票优惠率，并输出。

输入：用户依次输入月份和需要订购机票的数量，分别保存到整数变量 month 和 sum 中。

计算规则：航空公司规定在旅游的旺季 7～9 月份，如果订票数超过 20 张，票价优惠 15%，20 张以下，优惠 5%；在旅游的淡季 1～5 月份、10 月份、11 月份，如果订票数超过 20 张，票价优惠 30%，20 张以下，优惠 20%；其他情况一律优惠 10%。

11．编写程序实现：输入一个整数，判断它能否被 3、5、7 整除，并输出以下信息之一：

① 能同时被 3、5、7 整除；

② 能同时被 3、5 整除；

③ 能同时被 3、7 整除；

④ 能同时被 5、7 整除；

⑤ 只能被 3、5、7 中的一个整除；

⑥ 不能被 3、5、7 中的任何一个整除。

12．中华人民共和国 2011 年新的个人所得税草案规定，个税的起征点为 3500 元，分成 7 级，税率情况如表 2.1 所示。从键盘输入月工资，计算应交纳的个人所得税。

表 2.1　税率情况表

级数	全月应纳税所得额	税率(%)
1	不超过 1500 元的(3500～5000 元之间)	3
2	超过 1500 元至 4500 元的部分	10
3	超过 4500 元至 9000 元的部分	20
4	超过 9000 元至 35 000 元的部分	25
5	超过 35 000 元至 55 000 元的部分	30
6	超过 55 000 元至 80 000 元的部分	35
7	超过 80 000 元的部分	45

注意：超出部分按所得税的级数计算，如：一个人的月收入为 6000 元，应交个人所得税为 1500*0.03+((6000−3500)−1500)*0.1=145。

请在键盘上输入一个人的月收入，编程实现该公民所要交的个人所得税。例如，输入"4000"，则输出"你要交的税为：15"。

中国有句俗语叫"三天打鱼两天晒网"。某人从 1990 年 1 月 1 日起开始"三天打鱼两天晒网",问这个人在 1994 年 3 月 1 日这一天是在"打鱼",还是在"晒网"?

根据题意可以将解题过程分为以下三步:

(1) 计算从 1990 年 1 月 1 日开始至 1994 年 3 月 1 日共有多少天。

(2) 由于"打鱼"和"晒网"的周期为 5 天,所以将计算出的天数用 5 去除。

(3) 根据余数判断他是在"打鱼"还是在"晒网"。

若余数为 1,2,3,则他是在"打鱼",否则是在"晒网"。

在这三步中,关键是第一步。求从 1990 年 1 月 1 日至 1994 年 3 月 1 日有多少天,要判断经历年份中是否有闰年,闰月为 29 天,平月为 28 天。闰年的方法可以用以下伪语句描述。

如果某个年份能被 4 除尽且不能被 100 除尽或能被 400 除尽,则该年是闰年,否则不是闰年。

任务一　while 语句

while 语句的一般形式为

　　while(表达式)语句;

其中表达式是循环条件,语句为循环体。

while 语句的语义是计算表达式的值,当值为真(非 0)时,执行循环体语句;当值为假(0)时,结束循环。其执行过程可用图 3.1 表示。

【例 3-1】　用 while 语句实现阶乘 5!,如图 3.2 所示。

```
main()
{
    int i;
```

```
    int s;
        i=1;
        s=1;
        while(i<=5)
            {
                s=s*i;
                i++;
            }
        printf("5!结果为：%d\n",s);
    }
```

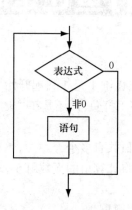

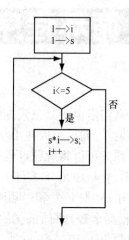

图 3.1　while 语句执行过程　　　　　图 3.2　用 while 语句实现 5！

使用 while 语句应注意，while 语句中的表达式一般是关系表达式或逻辑表达式，只要表达式的值为真(非 0)即可继续循环。

【例 3-2】

```
    main()
    {
        int a=0;
        int n;
        printf("请输入一个正数  n:       ");
        scanf("%d",&n);
        if(n<=0)
        exit(0);
        while (n--)
        printf("%d",n);
    }
```

本例程序将执行 n 次循环，每执行一次，n 值减 1。

循环体如包含有一个以上的语句，则必须用{}括起来，组成复合语句。

任务二 do…while 语句

do…while 语句的一般形式为

    do

    {语句}

    while(表达式);

while 语句先测试控制表达式的值再执行循环体，而 do…while 语句先执行循环体再测试控制表达式的值。如果控制表达式的值一开始就是假，while 语句的循环体一次都不执行，而 do…while 语句的循环体则先执行循环中的语句，然后再判断表达式是否为真，如果为真则继续循环；如果为假，则终止循环。因此，do…while 循环至少要执行一次循环语句。其执行过程可用图 3.3 表示。

【例 3-3】 用 do…while 语句实现阶乘 5!。

其流程图如图 3.4 所示。

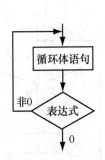

图 3.3 do…while 执行示意图

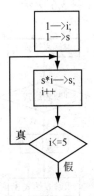

图 3.4 用 do…while 语句实现 5!

```
main()
{
    int i;
    int s;
    i=1;
    s=1;
    do
        {
            s=s*i;
            i++;
        } while(i<=5);
    printf("5!结果为：%d\n",s);
}
```

任务三　for 语句

在 C 语言中，for 语句使用最为灵活，它完全可以取代 while 语句。它的一般形式为

for(表达式 1；表达式 2；表达式 3)语句

它的执行过程如下：

① 求解表达式 1。

② 求解表达式 2，若其值为真(非 0)，则执行循环体，然后执行下面第③步；若其值为假(0)，转到第⑤步。

③ 求解表达式 3。

④ 转回上面第②步。

⑤ 循环结束，执行 for 语句下面的一个语句。

其执行过程可用图 3.5 表示。

【例 3-4】　用 for 语句实现阶乘 5！。

其流程图如图 3.6 所示。

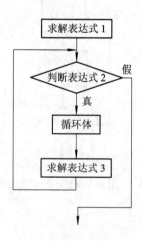

图 3.5　for 语句执行过程

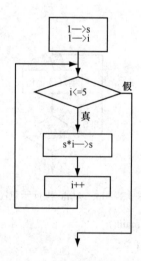

图 3.6　用 for 语句实现 5！

```c
main()
{
    int i;
    int s;
    s=1;
    for (i=1;i<=5;i++)
        s=s*i;
    printf("5!结果为：%d\n",s);
}
```

注意以下几点：

① for 循环中的"表达式 1 (循环变量赋初值)"、"表达式 2 (循环条件)"和"表达式 3 (循环变量增量)"都是选择项，即可以缺省，但";"不能缺省。

② 省略了"表达式 1 (循环变量赋初值)"，表示不对循环控制变量赋初值。例如，上例也可写为

```
main()
{
    int i;
    int s;
    s=1;
    i=1;
    for (;i<=5;i++)
        s=s*i;
    printf("5!结果为：%d\n",s);
}
```

③ 省略了"表达式 2 (循环条件)"，则不做其他处理时便成为死循环。例如，

```
for(i=1;;i++)sum=sum+i;
```

相当于：

```
i=1;
while(1)
    {
        sum=sum+i;
        i++;
    }
```

④ 省略了"表达式 3 (循环变量增量)"，则不对循环控制变量进行操作，这时可在语句体中加入修改循环控制变量的语句。例如，上例也可修改为

```
main()
{
    int i;
    int s;
    s=1;
    for(i=1;i<=5;)
    {
        s=s*i;
        i++;
    }
    printf("5!结果为：%d\n",s);
}
```

任务四　实例体验

在设计完整的项目之前，先演示一个具体的例子，从这个例子可以体会本项目的处理过程。

比如要计算 1994 年 3 月 15 日是在打鱼还是在晒网，其步骤如下。

1994-3-15 是在打鱼还是在晒网在本项目中的计算步骤：
约定：以下内容中斜体字表示注解。
我们先统计从 1994-3-15 到 1990-1-1 总共为多少天。 *再用这个天数去模 5，结果为 1、2、3 则是在打鱼，结果为 4、0 则是在晒网。*
(1) 从键盘读入日期 1994-3-15。 (2) 判断读入日期年号 1994 是否小于 1990，如果小于 1990 则显示"输入的日期非法"，程序终止，否则程序继续。 (3) 判断月份是否大于 12 或者小于 1，如果是则显示"输入的日期非法"，程序终止，否则程序继续。 (4) 根据具体月份判断日期是否符合常识：1、3、5、7、8、10、12 月为 31 天，4、6、9、11 月份为 30 天，如果月份是 2 月，则还需要判断年份是闰年还是平年，如果是闰年为 29 天，平年为 28 天，如果不符合以上任何一项，则显示"输入的日期非法"，程序终止，否则程序继续。
以上主要是输入日期，判断日期是否是 1990-1-1 以后的日期，以及输入的日期是否符合常识，如果不符合，则显示"输入的日期非法"，程序终止，否则程序继续。
(5) 年份的辅助变量赋初值为 1990。 (6) 利用循环累计从 1990-1-1 到 1993-12-31 总共多少天，结果为 1461 天。
以上主要是统计从 1990-1-1 到 1993-12-31 总共多少天。
(7) 月份的辅助变量赋值为 1。 (8) 利用循环累计从 1994-1-1 到 1994-2-28 总共多少天，结果为 59 天，累计为 1520 天。
以上 2 步主要是统计从 1990-1-1 到 1994-2-28 总共多少天。
(9) 再加上 15 就是从 1990-1-1 到 1994-3-15 总共的天数，结果为 1535。
统计从 1990-1-1 到 1994-3-15 总共多少天。
(10) 用 1535 去模 5，余数为 0，则这天是在晒网。
用取模的方法计算 1994-3-15 这天是在打鱼还是晒网。

任务五　算法归纳

根据上一节的分析基础和实例体验，我们可以设计以下几步实现功能，这些步骤即可称为算法。

本项目的算法归纳如下:

约定: 以下内容中斜体字表示注解。

我们首先定义 6 个整型变量, year 表示输入日期的年份, month 为输入日期的月份, date 为输入日期的日期, day_count 用来统计从输入日期到 1990-1-1 总共为多少天, day_count 初始值为 0, i,j 为辅助变量。

(1) 从键盘读入格式为 xxxx-xx-xx 的日期, 按照顺序分别赋值为 year、month 和 date。

(2) 判断年份 year 是否小于 1990, 如果小于 1990 则显示 “输入的日期非法”, 程序终止, 否则程序继续。

(3) 判断月份是否大于 12 或者小于 1, 如果是则显示 “输入的日期非法”, 程序终止, 否则程序继续。

(4) 判断月份是否符合 1、3、5、7、8、10、12 月为 31 天, 4、6、9、11 月份为 30 天。判断 year 是闰年还是平年, 如果是闰年 2 月为 29 天, 平年 2 月为 28 天, 如果不符合以上任何一项, 则显示 “输入的日期非法”, 程序终止, 否则程序继续。

以上 4 步主要是输入日期, 判断日期是否是 1990-1-1 以后的日期, 以及输入的日期是否符合常识, 如果不符合, 则显示 “输入的日期非法”, 程序终止, 否则程序继续。

(5) 辅助变量 i 赋初值为 1990。
(6) 利用循环累计从 1990-1-1 到(year-1)-12-31 总共多少天, 将结果累计存于 day_count 中。

以上 2 步主要是统计从 1990-1-1 到(year-1)-12-31 总共多少天。

(7) 辅助变量 j 赋值为 1。
(8) 利用循环累计从 1990-1-1 到 year 年 month-1 月的月末总共多少天, 将结果累计存于 day_count 中。

以上 2 步主要是统计从 1990-1-1 到 year 年 month-1 月的月末总共多少天。

(9) day_count 再加上 date 就是从 1990-1-1 到 year-month-date 总共的天数。

统计从 1990-1-1 到 year-month-date 总共多少天。

(10) 用 day_count 去模 5, 如果余数为 1、2、3, 则这天是在打鱼, 如果余数为 4、0, 则这天是在晒网。

用取模的方法计算 year-month-date 这天是在打鱼还是晒网。

任务六　流程图

项目简要流程图如图 3.7 所示。
现将 “统计从 1990-1-1 到 year-month-date 的天数到 day_count” 这部分进行细化, 流程图如图 3.8 所示。

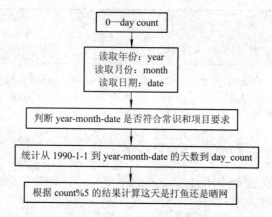

图 3.7　打鱼还是晒网流程简图

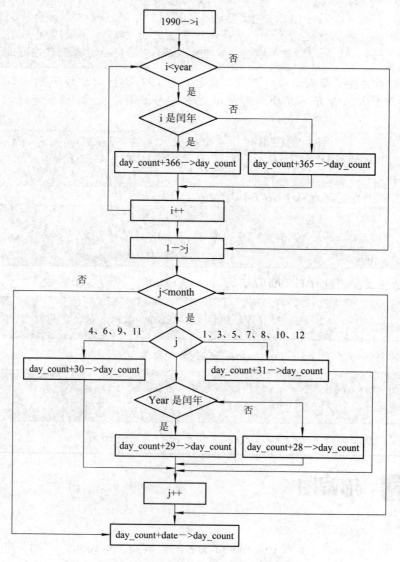

图 3.8　打鱼还是晒网程序流程图

任务七 项目实现

用 while 语句实现项目的代码如下。

```
#include "stdio.h"
#include "conio.h"

main()
{
    int year;                    /*定义年份变量 year*/
    int month;                   /*定义月份变量 month*/
    int date;                    /*定义日期变量 date*/
    int day_count=0;             /*定义统计天数变量 day_count*/
    int i;                       /*定义辅助变量 i*/
    int j;                       /*定义辅助变量 j*/

    printf("请输入 1990 年 1 月 1 日之后的某个日期，格式为 xxxx-xx-xx\n"); /*输入日期*/
    scanf("%d-%d-%d",&year,&month,&date);
    if(year<1990)                /*判断年份是否大于 1990*/
    {
        printf("输入的年份非法");
        exit(0);
    }
    if(month>12||month<1)        /*判断月份是否是在 1～12 之间*/
    {
        printf("输入的月份非法");
        exit(0);
    }
    switch(month)                /*判断日期是否符合常识*/
    {
        case 1:
        case 3:
        case 5:
        case 7:
        case 8:
        case 10:
        case 12:
                if(date>31||date<1)
                {
```

```
                    printf("输入的日期非法");
                    exit(0);
                }
            break;
        case 4:
        case 6:
        case 9:
        case 11:
            if(date>30||date<1)
            {
                    printf("输入的日期非法");
                    exit(0);
            }
            break;
        case 2:
        if((year%4==0&&year%100!=0)||year%400==0)
            {   if(date>29||date<1)
            {
                    printf("输入的日期非法");
                    exit(0);
            }
            }
            else if(date>28||date<1)
            {
                    printf("输入的日期非法");
                    exit(0);
            }
            break;

    }

i=1990;                    /*统计从 1990-1-1 到(year-1)-12-31 总共多少天*/
while(i<year)
{
    if((i%4==0&&i%100!=0)||i%400==0)
        day_count=day_count+366;
    else
        day_count=day_count+365;
    i++;
```

```
        }
j=1;                    /*统计从 1990-1-1 到 year 年 month-1 月的月末总共多少天*/
while(j<month)
{
switch(j)
{
        case 1:
        case 3:
        case 5:
        case 7:
        case 8:
        case 10:
        case 12:
                day_count=day_count+31;
                break;
        case 4:
        case 6:
        case 9:
        case 11:
                day_count=day_count+30;
                break;
        case 2:
        if((year%4==0&&year%100!=0)||year%400==0)
                day_count=day_count+29;
                else
                day_count=day_count+28;
                break;
    }
j++;
    }
day_count=day_count+date;   /*统计从 1990-1-1 到 year-month-date 总共多少天*/
i=day_count%5;               /*用 day_count 去模 5*/
switch(i)                    /*判断模 5 的结果是多少，如果为 1、2、3 则这天是在打
                             /*鱼，如果为 4、0 则这天是在晒网*/

{
        case 1:
        case 2:
        case 3:
                printf("%d-%d-%d 是在打鱼！！ ",year,month,date);
                break;
```

```
                case 4:
                case 0:
                        printf("%d-%d-%d 是在晒网！！ ",year,month,date);
                        break;
            }
        }
```

用 do…while 实现项目的代码如下：

```
        #include "stdio.h"
        #include "conio.h"


        main()
        {
                int year;                   /*定义年份变量 year*/
                int month;                  /*定义月份变量 month*/
                int date;                   /*定义日期变量 date*/
                int day_count=0;            /*定义统计天数变量 day_count*/
                int i;                      /*定义辅助变量 i*/
                int j;                      /*定义辅助变量 j*/

                printf("请输入 1990 年 1 月 1 日之后的某个日期，格式为 xxxx-xx-xx\n"); /*输入日期*/
                scanf("%d-%d-%d",&year,&month,&date);
                if(year<1990)               /*判断年号是否大于 1990*/
                {
                        printf("输入的年份非法");
                        exit(0);
                }
                if(month>12||month<1)       /*判断月份是否是在 1～12 之间*/
                {
                        printf("输入的月份非法");
                        exit(0);
                }
                switch(month)               /*判断日期是否符合常识*/
                {
                        case 1:
                        case 3:
                        case 5:
                        case 7:
                        case 8:
                        case 10:
                        case 12:
```

```
            if(date>31||date<1)
             {
                        printf("输入的日期非法");
                        exit(0);
             }
                break;
    case 4:
    case 6:
    case 9:
    case 11:
     {   if(date>30||date<1)
             {
                        printf("输入的日期非法");
                        exit(0);
             }
     }
                break;
    case 2:
    if((year%4==0&&year%100!=0)||year%400==0)
                if(date>29||date<1)
             {
                        printf("输入的日期非法");
                        exit(0);
             }
                else if(date>28||date<1)
             {
                        printf("输入的日期非法");
                        exit(0);
             }
                break;
}

i=1990;                    /*统计从 1990-1-1 到(year-1)-12-31 总共多少天*/
do
{
    if((i%4==0&&i%100!=0)||i%400==0)
            day_count=day_count+366;
    else
            day_count=day_count+365;
    i++;
```

```
            }while(i<year);
            j=1;                      /*统计从 1990-1-1 到 year 年(month-1)月的月末总共多少天*/
            do
            {
            switch(j)
            {
                case 1:
                case 3:
                case 5:
                case 7:
                case 8:
                case 10:
                case 12:
                        day_count=day_count+31;
                        break;
                case 4:
                case 6:
                case 9:
                case 11:
                        day_count=day_count+30;
                        break;
                case 2:
                if((year%4==0&&year%100!=0)||year%400==0)
                        day_count=day_count+29;
                        else
                         day_count=day_count+28;
                        break;
            }
            j++;
        } while(j<month);
            day_count=day_count+date;   /*统计从 1990-1-1 到 year-month-date 总共多少天*/
            i=day_count%5;              /*用 day_count 去模 5*/
            switch(i)            /*判断模 5 的结果是多少，如果为 1、2、3 则这天是在打鱼，
                                 /*如果为 4、0 则这天是在晒网*/
            {
                case 1:
                case 2:
                case 3:
                        printf("%d-%d-%d 是在打鱼！！\n",year,month,date);
```

```
                break;
        case 4:
        case 0:
                printf("%d-%d-%d 是在晒网！！\n",year,month,date);
                break;
        }
    }
```

用 for 实现项目的代码如下：

```
    #include "stdio.h"
    #include "conio.h"

    main()
    {
        int year;                  /*定义年份变量 year*/
        int month;                 /*定义月份变量 month*/
        int date;                  /*定义日期变量 date*/
        int day_count=0;           /*定义统计天数变量 day_count*/
        int i;                     /*定义辅助变量 i*/
        int j;                     /*定义辅助变量 j*/
    printf("请输入 1990 年 1 月 1 日之后的某个日期，格式为 xxxx-xx-xx\n"); /*输入日期*/
    scanf("%d-%d-%d",&year,&month,&date);
    if(year<1990)              /*判断年份是否大于 1990*/
    {
            printf("输入的年份非法");
            exit(0);
    }
    if(month>12||month<1)      /*判断月份是否是在 1～12 之间*/
    {
            printf("输入的月份非法");
            exit(0);
    }
    switch(month)              /*判断日期是否符合常识*/
    {
            case 1:
            case 3:
            case 5:
            case 7:
            case 8:
            case 10:
            case 12:
```

```
                    if(date>31||date<1)
                    {
                            printf("输入的日期非法");
                            exit(0);
                    }
                    break;
          case 4:
          case 6:
          case 9:
          case 11:
                    if(date>30||date<1)
                    {
                            printf("输入的日期非法");
                            exit(0);
                    }
                    break;
          case 2:
          if((year%4==0&&year%100!=0)||year%400==0)
              {   if(date>29||date<1)
                  {
                          printf("输入的日期非法");
                          exit(0);
                  }}
                    else if(date>28||date<1)
                    {
                            printf("输入的日期非法");
                            exit(0);
                    }
                     break;
      }

   for(i=1990;i<year;i++)      /*统计从 1990-1-1 到(year-1)-12-31 总共多少天*/
   {
        if((i%4==0&&i%100!=0)||i%400==0)
              day_count=day_count+366;
        else
              day_count=day_count+365;

   }
```

```
for(j=1;j<month;j++) /*统计从 1990-1-1 到 year 年 month-1 月月末总共多少天*/
{
switch(j)
{
        case 1:
        case 3:
        case 5:
        case 7:
        case 8:
        case 10:
        case 12:
                day_count=day_count+31;
                break;
        case 4:
        case 6:
        case 9:
        case 11:
                day_count=day_count+30;
                break;
        case 2:
        if((year%4==0&&year%100!=0)||year%400==0)
                day_count=day_count+29;
                else
                day_count=day_count+28;
                break;
    }
}
day_count=day_count+date; /*统计从 1990-1-1 到 year-month-date 总共多少天*/
i=day_count%5;            /*用 day_count 去模 5*/
switch(i)                 /*判断模 5 的结果是多少，如果为 1、2、3 则这天是在打鱼，
                          /*如果为 4、0 则这天是在晒网*/
{
        case 1:
        case 2:
        case 3:
                printf("%d-%d-%d 是在打鱼！！ \n",year,month,date);
                break;
        case 4:
        case 0:
                printf("%d-%d-%d 是在晒网！！ \n",year,month,date);
```

```
            break;
        }
    }
```

编译成功后，出现如图 3.9 所示的提示输入界面。

图 3.9　提示输入界面

输入 1994-3-15 后的运行结果如图 3.10 所示。

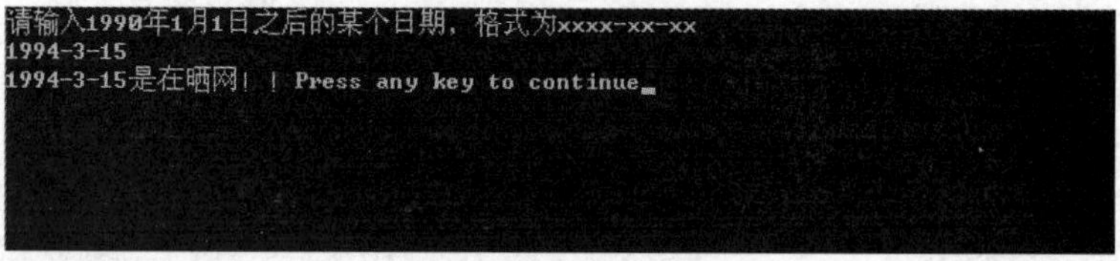

图 3.10　运行结果

任务八　项目扩展

通过对项目的学习和相关知识的回顾，可知 C 语言的循环就是在给定条件成立时，反复执行某程序段，直到条件不成立为止。但是有时候只有一个循环是远远不够的。例如，电影院的座位由若干行组成，每一行又由若干列组成，为了确定每一个座位，必须确定它的行和列，单独只用一个循环语句是很难实现的，必须用两个循环语句来实现，这就是循环语句的嵌套，其基本格式为

```
for(表达式 1；表达式 2；表达式 3)
{
    for(表达式 4；表达式 5；表达式 6)
    {
        语句 1；
    }
}
```

循环嵌套：一个循环(称为"外循环")的循环体内包含另一个完整循环(称为"内循环")。内循环中还可以包含循环，形成多层循环。(循环嵌套的层数理论上无限制。)

说明：

(1) 嵌套的循环控制变量不能相同。(循环控制变量是控制循环次数的，如内外相同，程序就无法判断以哪一个为准了。)

(2) 内循环变化快，外循环变化慢。(外：执行一次；内：从头到尾全部循环一次。)

(3) 正确确定循环体。

(4) 循环控制变量常与求解的问题挂钩。(循环控制变量是控制循环次数的，它经常

能与求解的问题挂钩。也就是说，如果控制变量的趋势与求解问题的某一个量吻合的话，就经常用控制变量充当求解问题当中的某一个量。

(5) 执行过程如下。

第1步：执行表达式1，一般是给变量赋值；

第2步：执行表达式2，一般是条件判断，如果成立则执行表达式4，否则就会结束该双重循环；

第3步：如果表达式2成立则执行表达式4，一般是给内循环的变量赋初值；

第4步：判断表达式5是否成立，如果不成立则转到表达式2执行，否则执行循环体内的语句；

第5步：执行完语句后，接着执行表达式6，然后执行表达式3，这两个表达式一般是使循环变量发生变化。

(6) 程序流程图如图3.11所示。

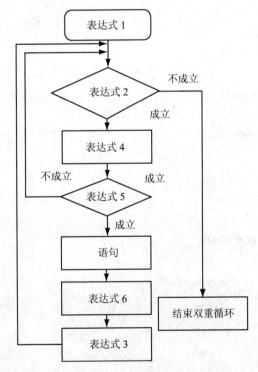

图 3.11　程序流程图

下面用几个例子来讲解一下嵌套循环的使用方法。

【例 3-5】　计算 $s=1+(1+2)+(1+2+3)+\cdots+(1+2+3+\cdots+20)$。

```c
#include "stdio.h"
#include "conio.h"
main()
{
    int i,j,sum=0;
    for(i=1;i<=20;i++)
```

```
        for(j=1;j<=i;j++)
            sum=sum+j;
        printf("sum=%d",sum);
        return 0;
    }
```

注意：嵌套循环的工作原理是外循环的第一轮触发内循环，内循环将一直执行到完成为止，然后，外循环的第二轮将再次触发内循环，此过程不断重复直到外循环结束。

使用嵌套循环时，只有在内循环完全结束后，外循环才会使其变化，所以要求内循环必须完整地包含在外循环中，不能在外循环结束后才结束内循环。

【例 3-6】 输出 100～999 之间的所有素数。

分析：本项目需要两个循环：一个循环控制由 100 加到 999；另一个循环用来判断是否为素数。

```c
#include <stdio.h>
#include <stdlib.h>
main()
{
    int m,i,k,h=0,leap=1;
    printf("\n");
    for(m=100;m<=999;m++)
    {
        k=m/2;
        for(i=2;i<=k;i++)
        {
            if(m%i==0)
            {
                leap=0;
                break;
            }
        }
        if(leap)
        {
            printf("%-4d",m);
        }
        leap=1;
    }
    printf("\nThe total is %d",h);
    return 0;
}
```

【例 3-7】 计算 1～10 的阶乘的和。

分析：可以定义一个变量 result 来保存乘积，然后再求和，那么还要定义一个变量 sum 来保存最后的求和结果。

```c
#include <stdio.h>
void main()
{
    int sum,result,num;
    //定义保存和的变量 sum，保存乘积的变量 result
    sum=0;      //和初始化为 0
    result=1;   //乘积初始化为 1
    num=1;

    while(num<=10)      //while 从 1~10 循环
    {
        result=result*num;
        sum=sum+result;
        num++;
    }
    printf("1!+2!+…+10!=%d\n",sum);
    getch( );
}
```

【例 3-8】　输入一行字符，分别统计出其中英文字母、空格、数字和其他字符的个数。

分析：从目前已学的知识来看，我们获得字符的语句只有 scanf()和 getchar()，这两个函数都只能依次获得单个字符，不能输入一行字符，所以只能用循环来实现。

```c
#include <stdio.h>

void main()
{
    char c;
    int letters=0,space=0,digits=0,others=0;
    //定义 4 个变量分别保存字母、空格、数字和其他的数量
    printf("请输入一些字符:\n");

    while((c=getchar())!='\n')      //循环接受字符
    {
        if(c>='a'&&c<='z'||c>='A'&&c<='Z')
        {
            letters++;
        }
        else if(c==' ')
```

```
        {
                space++;
        }
        else if(c>='0'&&c<='9')
        {
                digits++;
        }
        else
        {
                others++;
        }

        printf("其中包含:\n");
        printf("字符为：%d\n 空格为：%d\n 数字为：%d\n 其他为：%d\n",letters,space,digits,
    others);
        }
    }
```

思 考 与 练 习

一、选择题

1. 下列运算符中优先级最高的是(   )。

    A. ? :   B. &&   C. +   D. !=

2. 以下描述中正确的是(   )。

    A. 由于 do…while 循环中循环体语句只能是一条可执行语句，所以循环体内不能使用复合语句

    B. do…while 循环由 do 开始，while(表达式)后面不能写分号

    C. 在 do…while 循环体中，一定要有能使 while 后面表达式的值变为零("假")的操作

    D. do…while 循环中，根据情况可以省略 while

3. 在 C 语言中，当 while 语句中的条件为(   )时，结束该循环。

    A. 0   B. 1   C. false   D. 非 0

4. 下面有关 for 循环的描述正确的是(   )。

    A. for 循环只能用于循环次数已经确定的情况

    B. for 循环先执行循环体语句，后判断表达式

    C. 在 for 循环中，不能用 break 语句跳出循环

    D. for 循环体中，可以包含多条语句，但要用花括号括起来

5. 运行程序段 int n=0;while(n++<=2);printf("%d",n);的结果是(   )。

    A. 2   B. 3   C. 4   D. 有语法错

6．设有程序段

　　int k = 10;

　　while(k=0) k=k-1;

则下面描述中正确的是(　　)。

　　A．while 循环执行 10 次　　　　　　　B．循环是无限循环

　　C．循环体语句一次也不执行　　　　　D．循环体语句执行一次

7．以下能正确计算 1*2*3*…*10 的程序段是(　　)。

　　A．do{ i=1;s=1;　　　　　　　　　　B．do{ i=1;s=0;

　　　　　　s=s*i;　　　　　　　　　　　　　　　s=s*i;

　　　　　　i++;　　　　　　　　　　　　　　　　i++;

　　　　}while(i<=10);　　　　　　　　　　}while(i<=10);

　　C．i=1;s=1;　　　　　　　　　　　　D．i=1;s=0;

　　　　do{ s=s*i;　　　　　　　　　　　　　do{s=s*i;

　　　　　　i++;　　　　　　　　　　　　　　　i++

　　　　}while(i<=10);　　　　　　　　　　}while(i<=10);

8．设有如下程序段，则(　　)。

　　int x=0,s=0;

　　while(!x!=0) s+=++x;

　　printf("%d",s);

　　A．运行程序段后输出 0　　　　　　　B．运行程序段后输出 1

　　C．程序段中的控制表达式是非法的　　D．程序段执行无限次

9．语句 while(!E);中的表达式!E 等价于(　　)。

　　A．E==0　　　　　B．E!=1　　　　C．E!=0　　　　D．E==1

10．以下不是无限循环的语句是(　　)。

　　A．for(y=0,x=1;x>+ +y;x=i+ +)i=x;　　B．for(; ;x+ +=i)

　　C．while(1){x+ +;}　　　　　　　　　D．for(i=10; ; i--) sum+= i;

11．下面程序的功能是将从键盘输入的一对数，由小到大排序输出。当输入一对相等数时结束循环，请选择填空。横线处应填(　　)。

```
#include <stdio.h>
main()
{
    int a,b,t;
    scanf("%d%d",&a,&b);
    while(_____)
    {   if(a>b)
        {   t = a;   a = b;   b = t;   }
        printf("%d,%d\n",a,b);
        scanf("%d%d",&a,&b);
    }
```

A．!a=b   B．a!=b   C．a==b   D．a=b

12．下面程序的功能是从键盘输入的一组字符中统计出大写字母的个数 m 和小写字母的个数 n，并输出 m、n 中的较大者，请选择填空。横线处【1】应填(   )，【2】应填(   )。

```c
#include <stdio.h>
main()
{
        int m=0,n=0;
        char c;
        while((_____【1】_____)!='\n')
        {   if(c>='A' && c<='Z') m++;
            if(c>='a' && c<='z') n++;
        }
        printf("%d\n",m<n? _____【2】_____ );
}
```

【1】A．c=getchar()   B．getchar()
    C．c==getchar()   D．scanf("%c",c);

【2】A．n:m   B．m:n
    C．n,m   D．m,n

二、填空题

1．下面程序段是从键盘输入的字符中统计数字字符的个数，用换行符结束循环。请填空。

```c
int n=0,c;
c = getchar();
while(_____)
{
        if(_____) n++;
        c = getchar( );
}
```

2．有 1020 个西瓜，第一天卖一半多两个，以后每天卖剩下的一半多两个，问几天以后能卖完？请填空。

```c
#include <stdio.h>
main()
{   int day, x1, x2;
    day = 0; x1 = 1020;
    while(_____)
    {   x2 = _____;
        x1 = x2;
        day++;
    }
```

```
        printf("day=%d\n",day);
    }
```

3．执行以下程序后的输出结果是_____。

```
#include<stdio.h>
main()
{   int i,b,k=0;
    for(i=1;i<=5;i++)
    {   b=i%2;
        while(b-->=0)   k++;
    }
    printf("%d,%d",k,b);
}
```

4．下面程序的功能是计算 1～10 的奇数之和及偶数之和。

```
#include<stdio.h>
main()
    {   int a, b, c, i;
        a=c=0;
        for(i=0; i<=10; i+=2)
        {   a+= i;
            _____;
            c+=b;
        }
        printf("偶数之和=%d\n",a);
        printf("奇数之和=%d\n", _____);
    }
```

5．下面程序的功能是计算 1−3+5−7+…−99+101 的值，请填空。

```
main()
{   int i,t=1;
    for(i=1;i<=101;i+=2)
    {   _____;
        s=s+t;
        _____;
    }
    printf("%d\n",s);
}
```

6．当运行以下程序时，从键盘输入 right? <CR>(<CR>代表回车)，则下面程序的运行结果是_____。

```
#include <stdio.h>
main()
```

```
{    char c;
     while((c=getchar()!='?')   putchar(++c);
}
```

7. 执行下面程序段后，k 的值是_____。

```
k = 1; n = 263;
do{    k*=n%10; n/=10; } while(n);
```

8. 当运行以下程序时，从键盘输入–10 <CR>(<CR>代表回车)，则下面程序的运行结果是_____。

```
#include <stdio.h>
main()
{    int a, b, m, n;
     m=n=1;
     scanf("%d%d",&a,&b);
     do
     {    if(a>0) { m=2*n;b++; }
     else    {n=m+n; a+=2; b++; }
     }while(a==b);
     printf("m=%d n=%d",m,n);
}
```

9. 下面程序段的功能是找出整数的所有因子，请填空。

```
scanf("%d",&x);
i = 1;
for( ; _____; )
{    if(x%i==0)   printf("%3d",i);
     i++;
}
```

10. 鸡兔共有 30 只，脚共有 90 个，下面程序段是计算鸡兔各有多少只，请填空。

```
for(x=1;x<=29;x++)
{    y = 30-x;
     if(_____)   printf("%d,%d\n",x,y);
}
```

11. 下面程序的功能是求出用数字 0～9 可以组成多少个没有重复的三位偶数，请填空。

```
#include <stdio.h>
main()
{    int n,i,j,k;
     n = 0;
     for( i=0; i<=9;i++)
          for(k=0;k<=8; _____)
```

```
                if(k!=i)
                    for(j=0;j<=9;j++)
                        if(_____)
                            n++;
        printf("n=%d\n",n);
    }
```

12. 下面程序的功能是输出 1~100 每位数的乘积大于每位数的和的数，请填空。

```
main()
{   int n,k=1,s=0,m;
    for(n=1;n<=100;n++)
    {   k=1; s=0;
        _____;
        while(_____)
        {   k *= m%10;
            s += m%10;
            _____;
        }
        if(k>s)   printf("%d\t",n);
    }
}
```

三、编程题

1. 输入一行字符，输出其中字母的个数。例如，输入"Et2f5F218"，输出结果为4。

2. 编写一个程序，对用户输入的任意一组字符，如{3，1，4，7，2，1，1，2，2}，输出其中出现次数最多的字符，并显示其出现次数。如果有多个字符出现次数均为最大且相等，则输出最先出现的那个字符和它出现的次数。例如，上面输入的字符集合中，"1"和"2"都出现了 3 次，均为最大出现次数，因为"1"先出现，则输出字符"1"和它出现的次数3次。

3. 使用循环语句打印出如下图案，其中行数由键盘输入，并尝试输出其他的图案。

```
*
***
*****
*******
```

4. 编写程序：从 3 个红球、5 个白球、6 个黑球中任意取出 8 个球，且其中必须有白球，输出所有可能的方案。

5. 输出阶梯形的 9*9 口诀表。

6. 编程实现判断一个整数是否为"水仙花数"。所谓"水仙花数"是指一个三位的整数，其各位数字的立方和等于该数本身。例如：153 是一个"水仙花数"，因为 $153=1^3+5^3+3^3$。

7. 有一分数序列：2/1，3/2，5/3，8/5，13/8，21/13…，求出这个数列的前 20 项之和。

8. 一个人很倒霉，不小心打碎了一位妇女的一篮子鸡蛋。为了赔偿便询问篮子里有多少鸡蛋。那妇女说，她也不清楚，只记得每次拿两个则剩一个，每次拿三个则剩两个，每次拿五个则剩四个，若每个鸡蛋 1 元，请你帮忙编程，计算最少应赔多少钱？

9. 编写一个程序，找出 100～1000 的所有姐妹素数。姐妹素数是指相邻两个奇数均为素数。

10. 孙悟空在大闹蟠桃园的时候，第一天吃掉了所有桃子总数的一半多一个，第二天又将剩下的桃子吃掉一半多一个，以后每天吃掉前一天剩下的一半多一个，到第 N 天准备吃的时候只剩下一个桃子。这下可把神仙们心疼坏了，请帮忙计算一下，孙悟空第一天开始吃桃子的时候桃园一共有多少个桃子。其中 N 从键盘输入。

11. 一个球从 100 m 高度自由落下，每次落地后反弹回原高度的一半，再落下，再反弹。求它在第十次落地时，共经过多少米？第十次反弹多高？

12. 某班同学上体育课，从 1 开始报数，共 38 人，老师要求按 1，2，3…重复报数，报数为 1 的同学往前走一步，报数为 2 的同学往后退一步，试分别将往前走一步和往后退一步的同学的序号打印出来。

13. 从键盘输入一个整数 N，统计出 1～N 能被 7 整除的整数的个数，以及这些能被 7 整除的数的和。

屏幕提示样例如下：

请输入一个整数：20

1～20 能被 7 整除的数的个数：2

1～20 能被 7 整除的所有数之和：21

14. 输入整数 a，输出结果为 s，其中 s 与 a 的关系是：s=a+aa+aaa+aaaa+aa……a，最后为 a 个 a。例如 a=2 时，s=2+22=24。

15. 输入一个 5 位正整数，输出它是不是回文数。回文数是这样一种数，它的逆序数和它本身相等。例如，12321 的逆序数是 12321，和它本身相等，所以它是回文数。又如，25128 的逆序数是 82152，所以它不是回文数。

16. 假设一张足够大的纸，纸张的厚度为 0.5 毫米。请问对折多少次以后，可以达到珠穆朗玛峰的高度(最新数据：8844.43 米)。

17. 寻找最大数经常在计算机应用程序中使用。例如：确定销售竞赛优胜者的程序要输入每个销售员的销售量，销量最大的员工为销售竞赛的优胜者。写一个程序：从键盘输入 10 个数，打印出其中最大的数。

要求：程序应正确使用如下两个变量：number ——当前输入程序的数；largest ——到目前为止的最大数。

18. 输入两个正整数 m 和 n，输出其最大公约数和最小公倍数。

19. 输出 1! +2! +3! +…… +20!的值。

20. 有 1、2、3、4 共 4 个数字，能组成多少个互不相同且无重复数字的三位数？要求输出所有可能的三位数。

21. 学校有近千名学生，在操场上排队，5 人一行余 2 人，7 人一行余 3 人，3 人一行余 1 人，编写一个程序求该校的学生人数。

22. 编写程序，求出 100～200 范围内所有回文数的和。

项目四

数组——歌曲比赛评分统计

歌曲比赛评分统计规则如下：青年歌手参加歌曲比赛，有 10 个评委对其进行评分，这个歌手的最后得分为去掉一个最高分和一个最低分，其余数据求平均值。

任务一　项目说明

下面以一个例子来说明评分规则。例如，某歌手的得分如表 4.1 所示。

表 4.1　某歌手得分

评委 1	评委 2	评委 3	评委 4	评委 5	评委 6	评委 7	评委 8	评委 9	评委 10
9.0	9.2	9.9	8.9	8.8	9.5	9.3	9.4	8.0	9.3

表中，"评委 3"给出的成绩为 9.9，是最高分；"评委 9"给出的成绩为 8.0，　是最低分。

该歌手的最后得分为(成绩之和－9.9－8.0)/8。

任务二　了解一维数组

在科学研究、工程技术及日常生活中，常常需要处理这样的数据，例如，10 个评委对歌手的评分，学生各个科目的成绩，商业部门记录的每个月份的销售额，气象部门记录的每天的降雨量。每组数据都具备这样的特点：每组都有多个数据，且每组的各个数据类型相同。例如，"10 个评委对歌手的评分"就有 10 个数据，且这 10 个数据都是表示成绩，都是实型。

通常处理这种特点的数据就要用到数组，并且在具体的处理过程中，要用到循环结构。那么，什么是数组呢？

在程序设计中，为了处理方便，通常把具有相同类型的若干变量按有序的形式组织起来，这些按序排列的同类数据元素的集合称为数组。在 C 语言中，数组属于构造数据类型。一个数组可以分解为多个数组元素，这些数组元素可以是基本数据类型或是构造类型。因此按数组元素的类型不同，数组又可分为数值数组、字符数组、指针数组、结构数组等各种类型。本项目介绍数值数组，其余的在后续项目中介绍。

任务三　一维数组的定义

1. 简例

项目中的数组定义为

float score[10];

- score：用户定义的数组的名称；
- [10]：数组的长度，10 个评委打分，故 score 数组包含 10 个元素；
- float：数组元素的类型，评委打分都是实型数据。

2. 相关知识说明

在 C 语言中使用数组必须先定义后使用。一维数组的定义方式为

　　类型说明符　数组名 [常量表达式];

其中，

类型说明符：任一种基本数据类型或构造数据类型，即数组元素的类型。

数组名：用户定义的数组标识符。

常量表达式：表示数组元素的个数，也称为数组的长度。

例如，

　　int a[10];　　　　声明数组 a，有 10 个元素，且 10 个元素都是 int 型的。

　　float b[10],c[20];　　声明数组 b，有 10 个元素，数组 c，有 20 个元素，且两个数组的所有元素都是 float 型的。

　　char ch[20];　　　　声明数组 ch，有 20 个元素，且 20 个元素都是 char 型的。

对于数组类型说明应注意以下几点：

① 数组的类型实际上是指数组元素的取值类型。对于同一个数组，其所有元素的数据类型都是相同的。

② 数组名的书写规则应符合标识符的书写规定。

③ 数组名不能与其他变量名相同。例如，

```
main()
{
    char a;
    float a[10];
    …
}
```

是错误的。

④　要使用方括号，而不能使用圆括号。

⑤　常量表达式必须是整型数据，而不能是其他类型的数据。例如，

```
int a[10];
#define LEN 10
float a[LEN];//是合法的
int a[2.5];//是错误的
```

⑥　数组的长度只能是常量或常量表达式，而不能是变量或变量表达式，即数组的长度是固定的。例如，

```
#define LEN 5
main()
{
    int a[3+2],b[7+LEN];
    …
}
```

是合法的。但是下述说明方式是错误的：

```
main()
{
    int n=5;
    int a[n];
    …
}
```

⑦　允许在同一个类型说明中，说明多个数组和多个变量。例如，

```
int a,b,c,d,k1[10],k2[20];
```

任务四　一维数组元素的引用

1．简例

```
score[0];sum=score[1]+score[2];
if(score[4]>score[5])
    max=score[4];
else
    max=score[5];
```

2．相关知识说明

数组元素是组成数组的基本单元。在 C 语言中只能逐个地使用数组元素，而不能一次引用整个数组。

数组元素也是一种变量，其标识方法为数组名后跟一个下标。下标表示了元素在数组中的顺序号，并且下标从 0 开始，最后一个元素的下标为"数组长度−1"。

数组元素的一般形式为

数组名[下标]

其中下标只能为整型常量或整型表达式。我们以项目中声明的数组"float score[10];"为例，则以下都是合法的数组元素引用：

score[0]　　　　　/*数组的第 1 个元素*/

score[1]　　　　　/*数组的第 2 个元素*/

score[2]　　　　　/*数组的第 3 个元素*/

…

score[9]　　　　　/*数组的第十个元素，即数组的最后一个元素*/

score[i+j]　　　　/*有声明 int i=1,j=2; 即引用数组的第 4 个元素 */

而以下则为不合法的数组元素引用：

score(2)　　　　　/*应使用方括号*/

score[10]　　　　 /*数组下标越界*/

score[1.2]　　　　/*下标应为整数，如为小数时，C 编译系统将自动取整，但不建议这样写*/

下面介绍数组 score 在内存中是如何存放的，并进一步理解下标的含义。在 C 编译系统中，每一个 float 型变量在内存中占 4 个字节，该数组包含 10 个元素，故在内存中一共占 4×10 = 40 个字节，且这 40 个字节是连续的，如图 4.1 所示。

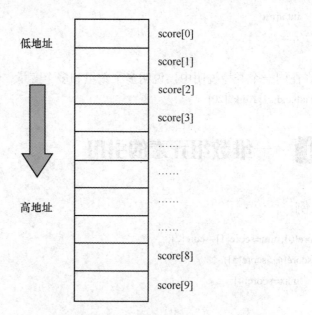

图 4.1　数组在内存中的存放

从图上我们可以看出，数组下标表示了数组元素相对于数组首地址的偏移量，故下标从 0 开始。一维数组的数组元素在内存中按顺序存放。数组名代表数组的首地址，即 score 的值与 score[0] 的地址值相同。

任务五　一维数组的初始化

1. 简例

```
float score[10]={ 0,1,2,3,4,5,6,7,8,9};
```

2. 相关知识说明

给数组赋值的方法除了使用赋值语句，如 score[0]=8.9;对数组元素逐个赋值外，还可采用初始化赋值的方法。数组初始化赋值是指在数组定义时给数组元素赋予初值。数组初始化是在编译阶段进行的，这样将减少运行时间，提高效率。

初始化赋值的一般形式为

　　　　类型说明符　数组名[常量表达式]={值，值……值}；

其中在{}中的各数据值即为各元素的初值，各值之间用逗号间隔。例如，

```
float score[10]={0,1,2,3,4,5,6,7,8,9};
```

相当于

```
score[0]= 0;socre[1]= 1; ...; socre[9]=9;
```

C 语言对数组的初始化赋值还有以下几点规定：

① 可以只给部分元素赋初值。

当{}中值的个数少于元素个数时，只给前面部分元素赋值。例如，

```
float score[10]={0,1,2,3,4};
```

表示只给 score[0]～score[4]5 个元素赋值，而后 5 个元素自动赋 0 值。

② 只能给元素逐个赋值，不能给数组整体赋值。例如，给 10 个元素全部赋 1 值，只能写为

```
float score[10]={1,1,1,1,1,1,1,1,1,1};
```

而不能写为

```
float score[10]=1;
```

③ 如给全部元素赋值，则在数组说明中，可以不给出数组元素的个数。例如，

```
float score[10]={0,1,2,3,4,5,6,7,8,9};
```

可写为

```
float score[]={0,1,2,3,4,5,6,7,8,9};
```

任务六　一维数组的简单应用

下面以几个简例来说明一维数组的基本应用，以理解"数组问题通常用循环来解决"的规则，并为项目实现做准备。

【例 4-1】　从键盘输入 10 个评委的评分到数组 score。

(1) 简单输入各元素。

```
scanf("%f",&score[0]);
scanf("%f",&score[1]);
scanf("%f",&score[2]);
scanf("%f",&score[3]);
…
scanf("%f",&score[8]);
scanf("%f",&score[9]);
```

我们发现以上 10 条语句非常相似，只有下标不同，因此可改用循环的方式实现，并用数组的下标做循环控制变量。

(2) 用循环的方式输入各元素。

```
int i;
for(i=0; i<10; i++)
    scanf("%f",&score[i]);
```

【例 4-2】 对 10 个评委的评分求总分。

(1) 简单累加求和。

```
float sum=0;
sum = sum + score[0];
sum = sum + score[1];
sum = sum + score[2];
sum = sum + score[3];
…
sum = sum + score[8];
sum = sum + score[9];
```

同样我们发现以上 10 条语句非常相似，只有下标不同，因此也可改用循环的方式实现，并用数组的下标做循环控制变量。

(2) 用循环的方式累加求和。

```
int i;
float sum = 0;
for(i=0;i<10;i++)
        sum = sum + score[i];
```

【例 4-3】 顺序输出 10 个评委的评分。

```
int i;
for(i=0;i<10;i++)
        printf("%5.1f",score[i]);
```

【例 4-4】 逆序输出 10 个评委的评分。

```
int i;
for(i=9;i>=0;i--)
        printf("%5.1f",score[i]);
```

【例 4-5】 计算 10 个评分中的最高分。

```
float max = score[0];
int i;
for(i=1;i<10;i++)
        if(score[i]>max)    max = score[i];
```

本例程序中，把 a[0]送入 max 中，然后从 a[1]到 a[9]逐个与 max 中的内容比较，若比 max 的值大，则把该变量送入 max 中，因此 max 总是在已比较过的变量中为最大者。比较结束，max 为这 10 个数据中的最大值。

【例 4-6】　对这 10 个评委的评分按从小到大的顺序重新排列。

```
int i, j, temp,len=10;
for(i=1;i<len;i++)
{
        for(j=0;j<len-i;j++)
        {
                if(score[j]>score[j+1])
                {
                        temp = score[j];
                        score[j] = score[j+1];
                        score[j+1] = temp;
                }
        }
}
```

本例程序采用的是经典的冒泡排序法，对数组元素按从小到大的顺序排序。冒泡排序算法如下。

依次比较相邻的两个数，将小数放在前面，大数放在后面。即在第一趟首先比较第 1 个和第 2 个数，将小数放前，大数放后。然后比较第 2 个数和第 3 个数，将小数放前，大数放后，如此继续，直至比较最后两个数，将小数放前，大数放后，至此第一趟结束，将最大的数放到了最后。在第二趟：仍从第一对数开始比较(因为可能由于第 2 个数和第 3 个数的交换，使得第 1 个数不再小于第 2 个数)，将小数放前，大数放后，一直比较到倒数第二个数(倒数第一的位置上已经是最大的了)，第二趟结束，在倒数第二的位置上得到一个新的最大数(其实在整个数列中是第二大的数)。如此下去，重复以上过程，直至最终完成排序。由于在排序过程中总是小数往前放，大数往后放，相当于气泡往上升，所以称作冒泡排序。

本例用二重循环实现，外循环变量设为 i，内循环变量设为 j。外循环重复 9 次，内循环依次重复 9, 8, ···, 1 次。每次进行比较的两个元素都是与内循环 j 有关的，它们可以分别用 a[j]和 a[j+1]标识，i 的值依次为 1,2,···,9，对于每一个 i,j 的值依次为 1,2,···,10-i。

任务七　项目流程图

至此，我们对于项目的实现思路已经清晰，下面给出其流程图，如图 4.2 所示。

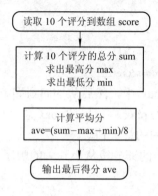

图 4.2　流程图

也可以采用对评分排序然后求中间 8 个数据的平均数的方法，来计算选手的最后得分。

任务八　项目实现

本项目——歌曲比赛评分系统的程序代码如下：

完整程序一：

```
main()
{
        float score[10],sum,max,min,ave;
        int i,len=10;
        /*输入评分到数组*/
        for(i=0;i<len;i++)
        {
                scanf("%f",&score[i]);
        }
        /*用循环求评分的总和、最高分和最低分*/
        sum=0;
        max = min = score[0];

        for(i=0;i<len; i++)
        {
                sum = sum + score[i];
                if(score[i]>max)
                        max = score[i];
                if(score[i]<min)
                        min = score[i];
        }
```

```
       /*计算平均成绩*/
           ave = (sum - max - min)/8;
           /*输出该选手的最后得分*/
           printf("ave=%f",ave);
       }
```

完整程序二:

```
       main()
       {
           float score[10],sum,max,min,ave;
           int i,j,len=10,temp;
           /*输入评分到数组*/
           for(i=0;i<len;i++)
           {
               scanf("%f",&score[i]);
           }
           /*采用冒泡排序方法,对评分按照从小到大的顺序重新排列*/
           for(i=1;i<len;i++)
           {
               for(j=0;j<len-i;j++)
               {
                   if(score[j]>score[j+1])
                   {
                       temp = score[j];
                       score[j] = score[j+1];
                       score[j+1] = temp;
                   }
               }
           }

           /*计算中间8个数据的和*/
           sum = 0;
           for(i=1;i<len-1;i++)
           {
               sum = sum + score[i];
           }
           /*计算平均分*/
           ave = sum/8;
           /*输出该选手的最后得分*/
           printf("ave=%f",ave);
```

```
        return 0;
    }
```

任务九　项目扩展一

前面我们只考虑了一个选手的得分情况，如果有 50 个选手来参加比赛，要求把 50 个选手的得分全部记录下来，就需要用到二维数组了。

1．了解二维数组

前面介绍的数组只有一个下标，称为一维数组。在实际问题中有很多是二维的或多维的，多维数组元素有多个下标，以标识它在数组中的位置。本部分只介绍二维数组，多维数组可由二维数组类推而得到。

2．二维数组的定义

二维数组定义的一般形式是：

　　　　类型说明符　数组名[常量表达式 1][常量表达式 2];

其中常量表达式 1 表示第一维下标的长度，常量表达式 2 表示第二维下标的长度。下面先举简单的例子来理解二维数组的定义。例如，

　　　　int a[3][4];

这是一个三行四列的数组，数组名为 a，其数组元素的类型为整型，该数组的元素一共有 3×4=12 个。

3．二维数组元素的引用

二维数组元素的引用格式是：

　　　　数组名[下标 1][下标 2];

"下标 1"表示第一维的下标，也称行下标，取值从 0 开始，到"第一维的长度 –1"结束。

"下标 2"表示第二维的下标，也称列下标，取值从 0 开始，到"第二维的长度 –1"结束。上例中的 12 个元素可表示为

a[0][0]	a[0][1]	a[0][2]	a[0][3]
a[1][0]	a[1][1]	a[1][2]	a[1][3]
a[2][0]	a[2][1]	a[2][2]	a[2][3]

其中，a[0][0]表示数组第 1 行、第 1 列的元素；

　　　　a[0][1]表示数组第 1 行、第 2 列的元素；

　　　　……

　　　　a[2][3]表示数组第 3 行、第 4 列的元素。

数组第一行元素的行下标都为 0，第二行的行下标都为 1，以此类推；数组第一列的列下标都为 0，第二列的列下标都为 1，以此类推。

二维数组元素在内存中按照行优先的顺序存储，即首先存储第一行的元素，然后依次存储后面各行的元素。

二维数组可以看做是由一维数组的嵌套而构成的。设一维数组的每个元素都又是一个数组，就组成了二维数组。换言之，一个二维数组也可以分解为多个一维数组。例如，二维数组 a[3][4]，可分解为 3 个一维数组，其数组名分别为 a[0]、a[1]、a[2]。

对这 3 个一维数组不需另作说明即可使用。这 3 个一维数组各自都有 4 个元素，例如，一维数组 a[0] 的元素为 a[0][0]、a[0][1]、a[0][2]、a[0][3]。

那么，拓展项目中的数组应该如何定义呢？我们假设有如表 4.2 所示的一张计分表。

表 4.2　计　分　表

选手	评委 1	评委 2	评委 3	评委 4	……	评委 9	评委 10
选手 1	8.0	8.1	8.9	8.9	……	7.8	8.4
选手 2	7.8	7.8	8.4	8.0	……	8.2	7.8
选手 3	8.6	7.7	8.9	9.0	……	8.8	8.4
……	……	……	……	……	……	……	……
选手 50	9.7	8.8	8.7	9.1	……	8.9	8.5

该表一共有 50 行，分别记录了 50 个选手的得分；该表一共有 10 列，分别记录了 10 个评委对各个选手的打分，故数组应定义为

    float score[50][10];

score[0] 是一个一维数组，记录了"选手 1"的得分。score[0] 有 10 个元素，分别为 socre[0][0]、socre[0][1]、socre[0][2]、……、socre[0][9]，依次记录了 10 个评委给"选手 1"的评分。

4．二维数组的初始化

二维数组初始化是指在类型说明时给各元素赋初值。可以有以下几种初始化方式。

(1) 按行对各元素赋初值，格式如下：

    int a[3][4]={ {80,75,92,100},{61,65,71,80},{59,63,70,77} };

(2) 按数组元素在内存中排列的顺序对各元素赋初值，格式如下：

    int a[3][4]= { 80,75,92,100,61,65,71,80,59,63,70,77};

这两种赋初值的结果是完全相同的。

(3) 给部分元素赋初值，格式如下：

    int a[3][4]={{1},{4}};

其余元素默认为 0，相当于：

    int a[3][4]={{1,0,0,0},{4,0,0,0},{0,0,0,0}};

对于二维数组初始化，如对全部元素赋初值，则第一维的长度可以不给出。例如，

    int a[3][4]={1,2,3,4,5,6,7,8,9,10,11,12};

可以写为

    int a[][4]={1,2,3,4,5,6,7,8,9,10,11,12};

5. 拓展后项目的实现

```
#define NUM_XUANSHOU 50
#define NUM_PINGWEI 10
main()
{
    float score[NUM_XUANSHOU][NUM_PINGWEI],sum,max,min;
    float ave[NUM_XUANSHOU];    /*ave 数组存储选手最后的得分*/
    int i,j;
    /*输入评分到数组*/
    for(i=0;i<NUM_XUANSHOU;i++)
    {
        for(j=0;j<NUM_PINGWEI;j++)
        {
            scanf("%f",&score[i][j]);
        }
    }
    /*采用双重循环依次计算各选手的总分、最高分、最低分，并计算其最后得分*/
    for(i=0;i<NUM_XUANSHOU;i++)
    {
        sum = 0;
        max = score[i][0];
        min = score[i][0];
        for(j=0;j<NUM_PINGWEI;j++)
        {
            sum = sum + score[i][j];
            if(max<score[i][j])
                max = score[i][j];
            if(min>score[i][j])
                min = score[i][j];
        }
        ave[i] = (sum-max-min)/(NUM_PINGWEI-2);
    }
    /*输出各选手的最后得分*/
    for(i=0;i<NUM_XUANSHOU;i++)
        printf("%d:%f\n",i,ave[i]);
    return 0;
}
```

6．二维数组经典案例

求杨辉三角的前 10 行并输出，杨辉三角前 5 行如下：

```
1
1   1
1   2   1
1   3   3   1
1   4   6   4   1
```

```c
#define LEN 10
main()
{
    int yh[LEN][LEN];
    int i,j;
    for(i=0;i<LEN;i++)
    {
        for(j=0;j<=i;j++)
        {
            if(j==0 || i==j)
                yh[i][j] = 1;
            else
                yh[i][j]=yh[i-1][j-1] + yh[i-1][j];
        }
    }
    for(i=0;i<LEN;i++)
    {
        for(j=0;j<=i;j++)
        {
            printf("%d\t",yh[i][j]);
        }
        printf("\n");
    }
    return 0;
}
```

任务十　项目扩展二

用来存放字符量的数组称为字符数组。

1．字符数组的定义

形式与前面介绍的数值数组相同。例如：

    char c[10];

    char c[5][10];

由于字符型和整型通用，也可以定义为 int c[10]，但这时每个数组元素占 2 个字节的内存单元。

2．字符数组的初始化

字符数组也允许在定义时作初始化赋值。例如：

    char c[]={'c',' ','p','r','o','g','r','a','m'};

可写为

    char c[]={"C program"};

或：

    char c[]="C program";

第 2、3 种写法一致，都是用字符串来初始化字符数组。这种方式比用字符逐个赋值要多占一个字节，用于存放字符串结束标志"\0"。上面的数组 c 在内存中的实际存放情况为

C		p	r	o	g	r	a	m	\0

"\0"是由 C 编译系统自动加上的。由于采用了"\0"标志，所以在用字符串赋初值时一般无须指定数组的长度，而由系统自行处理。

3．字符数组元素的引用

引用方式和数值型数组元素的引用方式相同，如 c[0]、c[1]等。

4．字符数组的输入输出

(1) 采用格式控制符%c 实现输入输出，例如：

    for(i=0;i<10;i++)

    printf("%c",c[i]);

这种方式用得比较少。

(2) 采用格式控制符%s 实现输入输出，例如：

    scanf("%s",c);

    printf("%s",c);

注意：参数为字符数组的名字。另外，当用 scanf 函数输入字符串时，字符串中不能含有空格，否则将以空格作为串的结束符。

例如，当输入的字符串中含有空格时，运行情况为

    input string:

    this is a book

输出为 this。

(3) 采用字符串函数实现输入输出，这将在后面的内容中详细讲解。

5．字符串处理函数

C 语言提供了丰富的字符串处理函数， 大致可分为字符串的输入、输出、合并、修改、比较、转换、复制、搜索几类。使用这些函数可大大减轻编程的负担。用于输入输出的字符串函数，在使用前应包含头文件"stdio.h"，使用其他字符串函数则应包含头文件"string.h"。

下面介绍几个最常用的字符串函数。

(1) 字符串输出函数 puts。

格式：puts(字符数组名)

功能：把字符数组中的字符串输出到显示器，即在屏幕上显示该字符串。

【例 4-7】

```
#include"stdio.h"
main()
{
    char c[]="C program";
    puts(c);
}
```

(2) 字符串输入函数 gets。

格式：gets(字符数组名)

功能：从标准输入设备键盘上输入一个字符串，允许输入空格，以回车键作为字符串输入结束标志。

【例 4-8】

```
#include"stdio.h"
main()
{
    char str[10];
    printf("please input string:\n");
    gets(str);
    puts(str);
}
```

(3) 字符串连接函数 strcat。

格式：strcat(字符数组名 1，字符数组名 2)

功能：把字符数组 2 中的字符串连接到字符数组 1 中字符串的后面，并删去字符串 1 后的串标志"\0"。本函数返回值是字符数组 1 的首地址。

【例 4-9】

```
#include"string.h"
main()
{ char st1[30]= "My name is ";
```

```
        char st2[10];
        printf("input your name:\n");
        gets(st2);
        strcat(st1,st2);
        puts(st1);
    }
```

(4) 字符串拷贝函数 strcpy。

格式：strcpy(字符数组名 1，字符数组名 2)

功能：把字符数组 2 中的字符串拷贝到字符数组 1 中。串结束标志"\0"也一同拷贝。

【例 4-10】

```
    #include"string.h"
    main()
    {
        char st1[15],st2[]="C Program";
        strcpy(st1,st2);
        puts(st1);
        printf("\n");
    }
```

(5) 字符串比较函数 strcmp。

格式：strcmp(字符数组名 1，字符数组名 2)

功能：按照 ASCII 码顺序，依次比较两个数组中的字符串，并返回比较结果。

字符串 1＝字符串 2，返回值＝0；

字符串 1＞字符串 2，返回值＞0；

字符串 1＜字符串 2，返回值＜0。

本函数也可用于比较两个字符串常量，或比较数组和字符串常量。

【例 4-11】

```
    #include"string.h"
    main()
    {
        int k;
        char st1[15],st2[15];
        printf("input a string:\n");
        gets(st1);
        gets(st2);
        k=strcmp(st1,st2);
        if(k==0)      printf("st1=st2\n");
        else if(k>0)  printf("st1>st2\n");
        else          printf("st1<st2\n");
    }
```

(6) 测字符串长度函数 strlen。

格式：strlen(字符数组名)

功能：测字符串的实际长度(不含字符串结束标志"\0")并作为函数返回值。

【例4-12】

```
#include"string.h"
main()
{
    int k;
    char st[]="C program";
    k=strlen(st);
    printf("len = %d\n",k);
}
```

思 考 与 练 习

一、选择题

1. 已知：int a[10];

则对 a 数组元素的正确引用是(　　)。

    A．a[10]　　　　　　B．a[3.5]　　　　　C．a(5)　　　　　　D．a[10-10]

2. 在 C 语言中，二维数组元素在内存中的存放顺序是(　　)。

    A．按行存放　　　　B．按列存放　　　C．由用户定义　　　D．由函数决定

3. 已知：int a[ ][3]={1,2,3,4,5,6,7};

则数组 a 的第一维的大小是(　　)。

    A．2　　　　　　　　B．3　　　　　　　C．4　　　　　　　　D．无法确定

4. 初始化语句正确的是(　　)。

    A．int a[1][4]={1,2,3,4,5};　　　　　　B．float x[3][ ]={{1},{2},{3}};

    C．long b[2][3]={{1},{2},{3}};　　　　D．int y[ ][3]={{1,2},{3},{4}};

5. 若要实现如果字符串 s1 大于字符串 s2，则执行语句1，应当使用(　　)。

    A．if(s1>s2)　语句1　　　　　　　　B．if(strcmp(s1,s2))　语句1

    C．if(strcmp(s2,s1)>0)　语句1　　　　D．if(strcmp(s1,s2)>0)　语句1

6. 已知：char str1[10],str2[10]= "Hello!";

则在程序中能够将字符串"Hello! "赋给数组 str1 的正确语句是(　　)。

    A．str1="Hello!"　　　　　　　　　　B．strcpy(str1,str2)

    C．str1=str2　　　　　　　　　　　　D．strcpy(str2,str1)

7. 下面数组的定义合法的是(　　)。

    A．int a[]={0,1,2,3,4,5,6};　　　　　B．char str = "string";

    C．float a[2][]={ {1.1, 1.2}, {1.3,1.4}};　D．char str[] = "string";

8. 表达式 strcmp("box","boss")的值是一个(　　)。

A．正数   B．0   C．负数   D．不确定

9．下列程序执行后的输出结果是(　　)。

```
main(){
        int i,j,a[3][3];
        for(i=0;i<3;i++)
                for(j=0;j<=i;j++)
                        a[i][j] = i*j;
        printf("%d,%d\n",a[1][2],a[2][1]);
}
```

A．2,2   B．不确定,2   C．2   D．2,0

10．下列程序执行后的输出结果是(　　)。

```
main(){
        int i,j,s=0,a[3][3]={1,2,3,4,5,6};
        for(i=0;i<3;i++)
                for(j=0;j<=i;j++)
                        s+=a[i][j];
        printf("%d \n",s);
}
```

A．18   B．19   C．20   D．21

二、填空题

1．以下程序段的执行结果是_____。

```
main(){
        char str[30];
        strcpy(&str[0], "ch");
        strcpy(&str[1], "def");
        strcpy(&str[2], "abc");
}
```

2．以下程序段为数组的所有元素输入数据，请填空。

```
main(){
        int a[10],i;
        i=0;
        while(i<10) _____;
}
```

3．以下程序段的功能是将数组 str 下标值为偶数的元素从小到大排列，其他元素不变，请填空。

```
main(){
        char temp,str[]="hello world";
    int i,j,len;
    len = _____;
```

```
    for(i=0;i<=len-2; i=i+2)
        for(j=i+2; j<=len; _____)
                if(_____){
                    temp = str[i];
                    str[i] = str[j];
                    str[j]=temp;
                }
        }
```

4．以下程序的执行结果是_____。

```
    main(){
        int a[10],i;
        for(i=0;i<10;i++)
            scanf("%d",&a[i]);
        while(i>0){
            printf("%3d",a[--i]);
            if(!(i%5))
                putchar('\n');
        }
    }
```

5．以下程序的执行结果是_____。

```
    main(){
        static int a[3][3] = {1,2,3,4,5,6,7,8,9};
        int i,j,sum=0;
        for(i=0;i<3;i++)
            for(j=0;j<3;j++)
                if(i==j)
                    sum+=a[i][j];
        printf("sum=%d\n",sum);
    }
```

6．以下程序的功能是：求二维数组元素的最大值以及最大元素的下标，请填空。

```
    main(){
        int i,j,row,col,max;
        static int a[3][4]={{1,2,3,4},{9,8,7,6},{-1,-2,0,5}};
        max= _____;
        for(i=0;i<3;i++)
            for(j=0;j<4;j++)
                if(a[i][j]>max){
                    _____;
                    _____;
```

```
                    _____;
                }
        printf("max=%d,row=%d,col=%d\n",max,row,col);
    }
```

7. 以下程序的功能是：将整数插入到有序数组中，并保持数组从小到大的顺序，请填空。

```
main(){
        int a[8]={2,4,6,8,12,15,20},i,j,data;
        printf("input data:\n");
        scanf("%d",&data);
        for(i=0;i<7;i++){
                if(_____)    break;
        for(j=7;j>=i;j--)
                _____;
        a[i] = data;
        for(i=0;i<8;i++)
                printf("%d\t",a[i]);
    }
```

8. 阅读程序，并分析该程序的功能是_____。

```
main(){
        int a[ ]={4,3,0,8,5},i,j,t;
        for(i=1;i<5;i++){
                t=a[i];
                j=i-1;
                while(j>=0 && t>a[j]) {
                        a[j+1]=a[j];
                        j--;
                }
                a[j+1]=t;
        }
        for(i=0;i<5;i++)
                printf("%d ",a[i]);
    }
```

9. 阅读程序，并分析该程序的功能是_____。

```
main(){
        int a[3][3]={6,3,6,4,7,9,8,5,2},sum1,sum2,i,j;
        sum1=sum2=0;
        for(i=0;i<3;i++)
                for(j=0;j<3;j++)
```

```
            if(i==j)
                    sum1+=a[i][j];
        for(i=0;i<3;i++)
            for(j=2;j>=0;j--)
                if(i+j==2)
                    sum2+=a[i][j];
        printf("sum1=%d,sum2=%d",sum1,sum2);
    }
```

10. 以下程序段的执行结果是_____。

```
main(){
    char c[6];
    int i=0;
    for( ; i<6; i++)   c[i]= getchar();
    for(i=0;i<6;i++)   putchar(c[i]);
    printf("\n");
}
```

设从键盘输入的内容为

ab<Enter>

c<Enter>

def<Enter>

三、编程题

1. 定义一个大小为 10 的整型 a，从键盘输入 10 个整数，将这 10 个数逆序输出。

2. 编写一个应用程序，计算并输出一维数组(9.8，12，45，67，23，1.98，2.55，45)中的最大值、最小值以及平均值。

3. 定义一个大小为 10 的整型数组 a，从键盘输入 10 个整数，放置到数组 a 中。将数组 a 中的元素从小到大排序，输出排序后数组 a 的所有元素值。

4. 已知某字符串数组，包含如下初始数据：a1、a2、a3、a4、a5，已知另一字符串数组，包含如下初始数据：b1、b2、b3、b4、b5，编写程序将这两个数组的每一对应项数据相加存入另外一个数组。输出结果为 a1b1、a2b2、a3b3、a4b4、a5b5。要求：

(1) 定义两个数组，用于存储初始数据；定义另外一个数组，用于输出结果；

(2) 做循环将两个初始数组的对应项值相加，结果存入另外一个数组(不要边加边输出)；

(3) 做循环将结果数组中的值按顺序输出。

5. 求 Fibonacci 数列的前 20 项，并以每行 5 个的形式输出。

6. 定义一个大小为 10 的整型数组 a；从键盘输入 10 个整数；计算其中奇数的个数并输出。

7. 计算并输出杨辉三角的前 10 行。

8. 有一个 5×5 的矩阵，编程将矩阵行和列的元素互换，并按行优先的顺序输出转换后的矩阵。

9．初始化一个 6×6 的矩阵，其中主对角线上的元素为 1、负对角线上的元素为-1、其余元素为 0，并按行优先的顺序输出该矩阵，如下：

```
 1   0   0   0   0  -1
 0   1   0   0  -1   0
 0   0   1  -1   0   0
 0   0  -1   1   0   0
 0  -1   0   0   1   0
-1   0   0   0   0   1
```

10．Redraiment 的老家住在工业区，日耗电量非常大。今年 7 月，传来了不幸的消息，政府要在 7、8 月对该区进行拉闸限电。政府决定从 7 月 1 日停电，然后隔一天到 7 月 3 日再停电，再隔两天到 7 月 6 日停电，依此下去，每次都比上一次晚一天。Redraiment 想知道到家后要经历多少天停电的日子。你能帮他算一算吗？要求：

从键盘输入放假日期、开学日期，日期限定在 7、8 月份，且开学日期大于放假日期。

（提示：可以用数组标记停电的日期。）

项目五

函数——小孩分糖

10 个小孩围成一圈分糖果，老师分给第一个小孩 10 块，第二个小孩 2 块，第三个小孩 8 块，第四个小孩 22 块，第五个小孩 16 块，第六个小孩 4 块，第七个小孩 10 块，第八个小孩 6 块，第九个小孩 14 块，第十个小孩 20 块。然后所有的小孩同时将手中的糖分一半给右边的小孩；糖块数为奇数的人可向老师要一块。问经过这样几次后大家手中的糖的块数一样多？每人各有多少块糖？

本项目主要功能：先分别显示出每次分糖后每个小孩拥有的糖块数，然后显示出所需要的次数和每个小孩最终拥有的糖块数。

任务一　了解函数

1．概述

函数是一个自我包含的完成一定相关功能的执行代码段。我们可以把函数看成一个"黑盒子"，只要将数据送进去就能得到结果，而函数内部究竟是如何工作的，外部程序是不知道的。外部程序所知道的仅限于函数输入什么以及函数输出什么。函数提供了编制程序的手段，使之容易读、写、理解、排除错误、修改和维护。

C 语言程序是由函数组成的。其中，函数的数目是没有限制的。但是，一个 C 语言程序中必须有一个并且仅有一个主函数 main()，整个程序从这个主函数开始执行。用户可把自己的算法编成一个个相对独立的函数模块，然后用调用的方法来使用函数。可以说 C 语言程序的全部工作都是由各式各样的函数完成的，所以也把 C 语言称为函数式语言。

C 语言程序鼓励和提倡人们把一个大问题划分成若干个子问题，对应于解决一个子问题编制一个函数，因此，C 语言程序一般是由大量的小函数而不是由少量大函数构成的，即所谓"小函数构成大程序"。这样的好处是让各部分相互充分独立，并且任务单一。因而这些充分独立的小模块也可以作为一种固定规格的小"构件",用来构成新的大程序。

2．函数定义的一般形式

函数定义的一般形式为

类型标识符　函数名(形式参数列表)
```
{
    声明部分
    语句
}
```

其中类型标识符和函数名称为函数头。类型标识符指明了函数返回值的类型。若函数没有返回值,则类型标识符可以写为 void。函数名是由用户定义的标识符,函数名后有一个括号,括号里是形式参数列表(简称形参表)。在形参表中给出的参数称为形式参数(简称形参),它们可以是各种类型的变量,各参数之间用逗号间隔。在进行函数调用时,主调函数将赋予这些形式参数实际的值。形参既然是变量,必须在形参表中给出形参的类型说明。若该函数无形式参数,则括号为空括号。{}中的内容称为函数体。在函数体中的声明部分是对函数体内部所用到的变量的类型说明。在 C 语言程序中,一个函数的定义可以放在任意位置,既可放在主函数 main()之前,也可放在 main()之后。

在本项目中,我们需要自定义两个函数:一个函数名为 judge,其功能为判断每个孩子手中的糖是否相同;其定义如下:

int　judge(int　c[])
```
{
    声明部分
    语句
}
```

这里的 int 表明该函数返回值的类型为整型,judge 为该函数的函数名,括号中的 int c[]为形式参数。

另一个函数名为 print,其功能是输出当前每个孩子手中的糖数。其定义如下:

void　print(int　s[])
```
{
    声明部分
    语句
}
```

这里的 void 表明该函数无返回值,print 为该函数的函数名,括号中的 int s[]为形式参数。

3．函数的声明

在主调函数中调用某函数之前应对该被调函数进行声明,这与使用变量之前要先进行变量说明是一样的。在主调函数中对被调函数作说明的目的是使编译系统知道被调函数返回值的类型，以便在主调函数中按此种类型对返回值作相应的处理。

其一般形式为

类型说明符　被调函数名(类型　形参，类型　形参……);

或为

类型说明符　被调函数名(类型，类型……);

括号内给出了形参的类型和形参名，或只给出形参类型，这便于编译系统进行检错，以防止可能出现的错误。

本项目中，用户定义两个函数的声明如下：

int　judge(int　c[]); 或 int　judge(int);

void　print(int　s[]); 或 void　print(int);

C语言中规定在以下几种情况时可以省去主调函数中对被调函数的函数说明。

(1) 如果被调函数的返回值是整型或字符型，可以不对被调函数作说明，而直接调用。这时系统将自动对被调函数返回值按整型处理。

(2) 当被调函数的函数定义出现在主调函数之前时，在主调函数中也可以不对被调函数再作说明而直接调用。

(3) 如在所有函数定义之前，在函数外预先说明了各个函数的类型，则在以后的各主调函数中，可不再对被调函数作说明。例如，

```
int judge(int   c[]);
void   print(int   s[]);

main()
{
    …
}
int   judge(int   c[])
{
    …
}
void   print(int   s[])
{
    …
}
```

(4) 对库函数的调用不需要再作说明，但必须把该函数的头文件用#include 命令包含在源文件前部。

4. 函数的返回值

函数的返回值是指函数被调用之后，执行函数体中的程序段所取得的并返回给主调函数的值。对函数返回值有以下一些说明。

(1) 函数的返回值只能通过 return 语句返回主调函数。

return 语句的一般形式为

  return 表达式;

或者为

  return (表达式);

该语句的功能是计算表达式的值，并返回给主调函数。在函数中允许有多个 return 语句，但每次调用只能有一个 return 语句被执行，因此只能返回一个函数值。

(2) 函数返回值的类型和函数定义中函数的类型应保持一致。如果两者不一致，则以函数类型为准，自动进行类型转换。

(3) 如函数返回值为整型，在函数定义时可以省去类型说明。

(4) 不返回函数值的函数，可以明确定义为"空类型"，类型说明符为"void"。为了使程序有良好的可读性并减少出错，凡不要求返回值的函数都应定义为空类型。

5．函数的调用

在程序中是通过对函数的调用来执行函数体的，其过程与其他语言的子程序调用相似。

C 语言中，函数调用的一般形式为

  函数名(实际参数表)

对无参函数调用时则无实际参数表。实际参数表中的参数可以是常数、变量或其他构造类型的数据及表达式，各实参之间用逗号分隔。

在本项目中，函数的调用如下：

  print(sweet);

  judge(sweet);

任务二　函数的实现

本项目中定义了两个函数 print 和 judge。其中，函数 print 的主要功能是打印出当前每个小孩手里糖果的数目。具体实现如下。

```
void  print(int  s[])            /*输出数组中每个元素的值*/
{
int  k;                          /*定义一个整型变量，作为循环变量*/
printf(" %4d ", j++);            /*输出分糖的次数*/
for(k=0;k<10;k++)
printf("%4d", s[k]);             /*打印出当前每个小孩手里糖果的数目*/
printf("\n");                    /*打印换行*/
}
```

这里的数组 s[]是存储每个小孩手里糖果的数目，整型变量 j 存储的是分糖的次数。

另一个函数 judge 的主要功能是判断每个小孩手里糖果的数目是否一致，如果不一致则返回 1；一致则返回 0。具体实现如下。

```
int   judge(int c[] )        /*判断每个孩子手中的糖是否相同*/
{
        int i;               /*定义一个整型变量，作为循环变量*/
        for(i=0;i<10;i++)
        if(c[0]!=c[i])
        return 1;            /*不相同返回 1*/
        return 0;            /*相同返回 0*/
}
```

任务三 实例体验

在设计完整的项目之前，我们先演示一下分糖的过程，这样大家可以体会本项目的处理过程。这种思想可以应用到更多的问题和应用上，总结起来，就是"数据驱动，手脑并用，步步模拟，豁然贯通"。

当老师最初分给第一个小孩 10 块，第二个小孩 2 块，第三个小孩 8 块，第四个小孩 22 块，第五个小孩 16 块，第六个小孩 4 块，第七个小孩 10 块，第八个小孩 6 块，第九个小孩 14 块，第十个小孩 20 块，然后所有的小孩同时将手中的糖分一半给右边的小孩；糖块数为奇数的人可向老师要一块。其步骤如下。

实例体验：

(1) 第一个小孩分一半给第二个小孩，再加上第十个小孩分给他的糖块数，则余下的糖块数为 10/2+20/2=15；

(2) 第二个小孩分一半给第三个小孩再加上第一个小孩分给他的糖块数，则余下的糖块数为 2/2+10/2=6；

(3) 第三个小孩分一半给第四个小孩再加上第二个小孩分给他的糖块数，则余下的糖块数为 8/2+2/2=5；

(4) 第四个小孩分一半给第五个小孩再加上第三个小孩分给他的糖块数，则余下的糖块数为 22/2+8/2=15；

(5) 第五个小孩分一半给第六个小孩再加上第四个小孩分给他的糖块数，则余下的糖块数为 16/2+22/2=19；

(6) 第六个小孩分一半给第七个小孩再加上第五个小孩分给他的糖块数，则余下的糖块数为 4/2+16/2=10；

(7) 第七个小孩分一半给第八个小孩再加上第六个小孩分给他的糖块数，则余下的糖块数为 10/2+4/2=7；

(8) 第八个小孩分一半给第九个小孩再加上第七个小孩分给他的糖块数，则余下的糖块数为 6/2+10/2=8；

(9) 第九个小孩分一半给第十个小孩再加上第八个小孩分给他的糖块数，则余下的糖块数为 14/2+6/2=10；

(10) 第十个小孩分一半给第一个小孩再加上第九个小孩分给他的糖块数，则余下的糖块数为 20/2+14/2=17。

第一次分糖结束,下面开始第二次分糖,其步骤如下:

(1) 第一个小孩找老师要颗糖后分一半给第二个小孩,再加上第十个小孩分给他的糖块数,则余下的糖块数为(15+1)/2+(17+1)/2=17;

(2) 第二个小孩分一半给第三个小孩再加上第一个小孩分给他的糖块数,则余下的糖块数为 6/2+(15+1)/2=11;

(3) 第三个小孩找老师要颗糖后分一半给第四个小孩再加上第二个小孩分给他的糖块数,则余下的糖块数为(5+1)/2+6/2=6;

(4) 第四个小孩找老师要颗糖后分一半给第五个小孩再加上第三个小孩分给他的糖块数,则余下的糖块数为(15+1)/2+(5+1)/2=11;

(5) 第五个小孩找老师要颗糖后分一半给第六个小孩再加上第四个小孩分给他的糖块数,则余下的糖块数为(19+1)/2+(15+1)/2=18;

(6) 第六个小孩分一半给第七个小孩再加上第五个小孩分给他的糖块数,则余下的糖块数为 10/2+(19+1)/2=15;

(7) 第七个小孩找老师要颗糖后分一半给第八个小孩再加上第六个小孩分给他的糖块数,则余下的糖块数为(7+1)/2+10/2=9;

(8) 第八个小孩分一半给第九个小孩再加上第七个小孩分给他的糖块数,则余下的糖块数为 8/2+(7+1)/2=8;

(9) 第九个小孩分一半给第十个小孩再加上第八个小孩分给他的糖块数,则余下的糖块数为 10/2+8/2=9;

(10) 第十个小孩找老师要颗糖后分一半给第一个小孩再加上第九个小孩分给他的糖块数,则余下的糖块数为(17+1)/2+10/2=14。

第二次分糖结束,同理继续分糖,直至每个小孩的糖块数都相同,程序结束。

任务四　算法归纳

根据任务一细化的功能和任务四中的实例,设计以下几步实现功能,这些步骤即可称为算法。

小孩分糖的算法:

(1) 老师先给每个小孩分一定数量的糖果;

(2) 所有的小孩同时将手中的糖分一半给右边的小孩;糖块数为奇数的人可向老师要一块;

(3) 判断每个小孩手中的糖块数是否相同,如果相同,则程序结束;如果不同,则跳转到第(2)步。

任务五　画流程图

用流程图的方式表示上述算法,如图 5.1 所示。

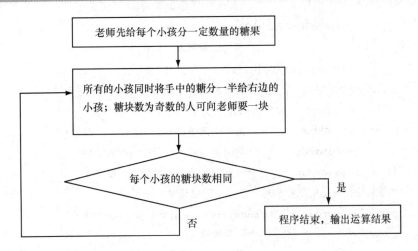

图 5.1　流程图

任务六　项目实现

本项目——小孩分糖问题的程序实现如下：

```
/*  小孩分糖问题  */
/*头文件*/
#include<stdio.h>
void  print(int  s[]);          /*声明打印函数*/
int  judge(int  c[]);           /*声明判断每个小孩的糖块数是否相同的函数*/
int  j=0;                       /*声明全局变量 j，用来记录分糖的次数*/
/*主函数*/
main()
{
    int  sweet[10]={10,2,8,22,16,4,10,6,14,20};         /*初始化数组数据*/
    int  i,l;       /*定义两个整型变量，作为循环变量*/
    int  t[10];     /*定义一个整型数组，作为存储每个小孩糖块数的中间变量*/
    /*输出程序界面*/
    printf(" round   1   2   3   4   5   6   7   8   9   10\n");
    printf("...................................................\n");
    /*调用打印函数，输出每个人手中糖的块数*/
    print(sweet);
    /*开始分糖*/
    do
    {
        for(i=0;i<10;i++) /*将每个人手中的糖分成两半*/
        if(sweet[i]%2==0) /*若为偶数则直接分出一半*/
```

```
            t[i]=sweet[i]=sweet[i]/2;
        else                          /*若为奇数则加 1 后再分出一半*/
            t[i]=sweet[i]=(sweet[i]+1)/2;
        for(l=0;l<9;l++)              /*将分出的一半糖给右(后)边的孩子*/
            sweet[l+1]=sweet[l+1]+t[l];
        sweet[0]+=t[9];               /*第十个孩子将分一半给第一个孩子*/
            print(sweet);             /*输出当前每个孩子中手中的糖数*/
    }while(judge(sweet));             /*若不满足要求则继续进行循环*/
    /*最后输出分糖的次数和每个小孩的糖块数*/
    printf("The round is: %d,The number of sweet is %d",j，sweet[0]);
    getch();                          /*屏幕暂停*/
}
int  judge(int c[])           /*判断每个孩子手中的糖是否相同*/
{
    int i;                    /*定义一个整型变量，作为循环变量*/
    for(i=0;i<10;i++)
    if(c[0]!=c[i])
    return 1;                 /*不相同返回 1*/
    return 0;                 /*相同返回 0*/
}
void    print(int s[])        /*输出数组中每个元素的值*/
{
    int k;                    /*定义一个整型变量，作为循环变量*/
    printf(" %4d ",j++);      /*输出分糖的次数*/
    for(k=0;k<10;k++)
    printf("%4d",s[k]);       /*打印当前每个孩子手中的糖数*/
    printf("\n");             /*打印换行*/
}
```

运行结果如图 5.2 所示。

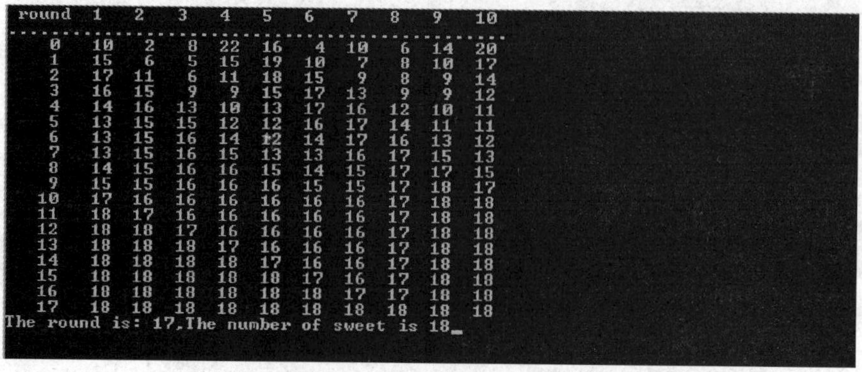

round	1	2	3	4	5	6	7	8	9	10
0	10	2	8	22	16	4	10	6	14	20
1	15	6	5	15	19	10	7	8	10	17
2	17	11	6	11	18	15	9	8	9	14
3	16	15	9	9	15	17	13	9	9	12
4	14	16	13	10	13	17	16	12	10	11
5	13	15	15	12	12	16	17	14	11	11
6	13	15	16	14	12	14	17	16	13	12
7	13	15	16	15	13	13	16	17	15	13
8	14	15	16	16	15	14	15	17	17	15
9	15	15	16	16	16	15	15	17	18	17
10	17	16	16	16	16	16	16	17	18	18
11	18	17	16	16	16	16	16	17	18	18
12	18	18	17	16	16	16	16	17	18	18
13	18	18	18	17	16	16	16	17	18	18
14	18	18	18	18	17	16	16	17	18	18
15	18	18	18	18	18	17	16	17	18	18
16	18	18	18	18	18	18	17	17	18	18
17	18	18	18	18	18	18	18	18	18	18

The round is: 17,The number of sweet is 18

图 5.2　运行结果

任务七 知识扩展

1. 函数的嵌套调用

C 语言中不允许作嵌套的函数定义，因此各函数之间是平行的，不存在上一级函数和下一级函数的问题。但是 C 语言允许在一个函数的定义中出现对另一个函数的调用，这样就出现了函数的嵌套调用，即在被调函数中又调用其他函数。这与其他语言子程序嵌套的情形是类似的。其关系可由图 5.3 表示。

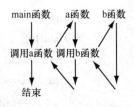

图 5.3 函数的嵌套调用

图 5.2 表示了两层嵌套的情形。其执行过程是：执行 main 函数中调用 a 函数的语句时，即转去执行 a 函数，在 a 函数中调用 b 函数时，又转去执行 b 函数，b 函数执行完毕返回 a 函数的断点继续执行，a 函数执行完毕返回 main 函数的断点继续执行。

本项目也可以利用函数嵌套来实现，具体程序如下：

```
/*   小孩分糖问题   */
/*头文件*/
#include<stdio.h>
void print(int s[]);          /*声明打印函数*/
int judge(int c[]);           /*声明判断每个小孩的糖块数是否相同的函数*/
void subsweet(int c[]);
int j=0;                      /*声明全局变量 j，用来记录分糖的次数*/
/*主函数*/
main()
{
int sweet[10]={10,2,8,22,16,4,10,6,14,20};     /*初始化数组数据*/
int i,l;                 /*定义两个整型变量，作为循环变量*/
int t[10];               /*定义一个整型数组，作为存储每个小孩糖块数的中间变量*/
/*输出程序界面*/
printf(" round  1   2   3   4   5   6   7   8   9   10\n");
printf(".........................................................\n");
/*调用打印函数，输出每个人手中糖的块数*/
print(sweet);
/*开始分糖*/
do
{
    subsweet(sweet);
    }while(judge(sweet)); /*若不满足要求则继续进行循环*/
```

```
                    /*最后输出分糖的次数和每个小孩的糖块数*/
       printf("The round is: %d,The number of sweet is %d",j,sweet[0]);
       return 0;
}
void subsweet(int c[])
{
    int i,l;          /*定义两个整型变量，作为循环变量*/
    int t[10];        /*定义一个整型数组，作为存储每个小孩糖块数的中间变量*/
    for(i=0;i<10; i++)        /*将每个人手中的糖分成两半*/
    if(c[i]%2==0)             /*若为偶数则直接分出一半*/
        t[i]=c[i]=c[i]/2;
    else                     /*若为奇数则加 1 后再分出一半*/
        t[i]=c[i]=(c[i]+1)/2;
    for(l=0;l<9;l++)         /*将分出的一半糖给右(后)边的孩子*/
        c[l+1]=c[l+1]+t[l];
    c[0]+=t[9];             /*第十个孩子将分一半给第一个孩子*/
    print(c);              /*输出当前每个孩子中手中的糖数*/
}
int judge(int c[])         /*判断每个孩子手中的糖是否相同*/
{
    int i;                /*定义一个整型变量，作为循环变量*/
    for(i=0;i<10;i++)
        if(c[0]!=c[i]) return 1;   /*不相同返回 1*/
    return 0;             /*相同返回 0*/
}
void print(int s[])       /*输出数组中每个元素的值*/
{
    int k;               /*定义一个整型变量，作为循环变量*/
    printf(" %4d ", j++);   /*输出分糖的次数*/
    for(k=0;k<10;k++)
        printf("%4d", s[k]);   /*打印当前每个孩子手中的糖数*/
    printf("\n");          /*打印换行*/
}
```

  在程序中，定义了一个函数 subsweet，其主要功能是实现给每个小孩分糖。在函数 subsweet 中，又调用了函数 print 来打印当前每个小孩手中的糖数。

2. 函数的递归调用

  一个函数在它的函数体内调用它自身称为递归调用，这种函数称为递归函数。C 语言允许函数的递归调用。在递归调用中，主调函数又是被调函数。执行递归函数将反复调用其自身，每调用一次就进入新的一层。

例如有函数 f 如下：

```
int f(int x)
{
    int y;
    z=f(y);
    return z;
}
```

这个函数是一个递归函数，但是运行该函数将无休止地调用其自身，这当然是不正确的。为了防止递归调用无终止地进行，必须在函数内有终止递归调用的手段。常用的办法是加条件判断，满足某种条件后就不再作递归调用，然后逐层返回。下面举例说明递归调用的执行过程。

【例 5-1】 用递归法计算 n!。

用递归法计算 n!可用下述公式表示：

$$n!=\begin{cases}1 & (n=0,1)\\ n*(n-1)! & (n>1)\end{cases}$$

按公式可编程如下：

```
long ff(int n)
{
    long f;
    if(n<0) printf("n<0,input error");
    else if(n==0||n==1) f=1;
    else f=ff(n-1)*n;
    return(f);
}
main()
{
    int n;
    long y;
    printf("\ninput a inteager number:\n");
    scanf("%d",&n);
    y=ff(n);
    printf("%d!=%ld",n,y);
}
```

程序中给出的函数 ff 是一个递归函数。主函数调用 ff 后即进入函数 ff 执行，无论 n<0，n=0 或 n=1 都将结束函数的执行，否则就递归调用 ff 函数自身。每次递归调用的实参为 n-1，即把 n-1 的值赋予形参 n，最后当 n-1 的值为 1 时再作递归调用，形参 n 的值也为 1，将使递归终止。然后可逐层退回。

下面我们再举例说明该过程。设执行本程序时输入为 5，即求 5!。在主函数中的调用语句即为 y=ff(5)，进入 ff 函数后，由于 n=5，不等于 0 或 1，故应执行 f=ff(n-1)*n，即 f=ff(5-1)*5。该语句对 ff 作递归调用即 ff(4)。

进行 4 次递归调用后，ff 函数形参取得的值变为 1，故不再继续递归调用而开始逐层返回主调函数。ff(1)的函数返回值为 1，ff(2)的返回值为 1*2=2，ff(3)的返回值为 2*3=6，ff(4)的返回值为 6*4=24，最后 ff(5)的返回值为 24*5=120。

也可以不用递归的方法来完成。如可以用递推法，即从 1 开始乘以 2，再乘以 3…直到 n。递推法比递归法更容易理解和实现。

思 考 与 练 习

一、选择题

1．若调用一个函数，且此函数中没有 return 语句，则关于该函数的说法正确的是（　　）。

    A．没有返回值

    B．返回若干个系统默认值

    C．能返回一个用户所希望的函数值

    D．返回一个不确定的值

2．在 C 语言中，以下不正确的说法是（　　）。

    A．实参可以是常量、变量或表达式

    B．形参可以是常量、变量或表达式

    C．实参可以是任意类型

    D．实参与其对应的形参类型一致

3．有以下函数定义：

```
viod fun( int n, double x) {.......}
```

若以下选项中的变量都已经正确定义并赋值，则对函数 fun 的正确调用语句是（　　）。

    A．fun(int y，double m);   B．k = fun(10，12.5);

    C．fun(x，n);   D．void fun(n，x);

4．以下程序运行后，输出结果是（　　）。

```
#include <stdio.h>
int d=1;
void fun( int p){
    int d=5;
    d+=p++;
    printf("%d", d);
}
void main(){
    int a=3;
```

```
        fun( a );
        d += a++;
        printf("%d\n", d);
```

  A．84　　　　　　　B．99　　　　　　　C．95　　　　　　　D．44

5．若程序中定义了以下函数：

```
double myadd(double a, double b){
        return (a+b) ;
    }
```

并将其放在调用语句之后，则在调用之前应该对该函数进行说明，以下选项中的错误说明是(　　)。

  A．double myadd(double a，b);

  B．double myadd(double，double);

  C．double myadd(double b，double a);

  D．double myadd(double x，double y);

6．以下函数的类型是(　　)。

```
fff(float x){
        printf("%d\n", x*x);
    }
```

  A．与参数 x 的类型相同　　　　　　B．void 类型

  C．int 类型　　　　　　　　　　　　D．无法确定

7．有如下函数调用语句，则该函数调用语句中，含有的实参个数是(　　)。

```
fuc(rec1, rec2+rec3,(rec4, rec5));
```

  A．3 个　　　　　　B．4 个　　　　　　C．5 个　　　　　　D．无法确定

8．若函数的形参为一维数组，则下列说法中正确的是(　　)。

  A．调用函数时的对应实参必为数组名

  B．形参数组可以不指定大小

  C．形参数组的元素个数必须等于实参数组的元素个数

  D．形参数组的元素个数必须多于实参数组的元素个数

9．若用数组名作为函数调用的实参，传递给形参的是(　　)。

  A．数组的首地址　　　　　　　　　　B．数组第一个元素的值

  C．数组中全部元素的值　　　　　　　D．数组元素的个数

10．一个函数返回值的类型是由(　　)。

  A．return 语句中的表达式类型决定的

  B．定义函数时所指定的函数类型决定的

  C．调用该函数的主调函数的类型决定的

  D．在调用函数时临时指定的

二、填空题

1．下面程序的运行结果是_____。

```
#include <stdio.h>
void swap(int *a, int *b){
        int *t;
        t = a;
        a = b;
        b = t;
}
void main( ){
        int x=3, y=5, *p=&x, *q=&y;
        swap(p，q);
        printf("%d, %d\n", x，y);
        printf("%d, %d\n", *p，*q);
}
```

2．下列程序在数组中同时查找最大元素和最小元素的下标，分别存放在 main()函数的 max 和 min 中，请填空。

```
#include <stdio.h>
viod find(int *a,int n, int *max, int *min);
void main(){
        int max,min, a[]={5, 6, 4, 3, 2, 8, 9, 10, 1, 7};
        find(_____);
        printf("%d, %d\n", max, min);
}
void find(int *a, int n, int *max, int*min){
        int i;
         *max = *min = 0;
         for(i=1; i<n; i++){
                if(a[i]>a[*max]);
                _____;
                if(a[i]<a[*min])
                _____;
        }
}
```

3．下列程序用于求数组 a 中所有元素之和。prime()用来判断自变量是否是素数，请填空。

```
#include<stdio.h>
int prime(int x);
void main(){
        int i，a[10]，*p=a，sum=0;
        printf("input 10 numbers:\n");
```

```
        for(i=0; i<10; i++)
            scanf("%d", &a[i]);
        for(i=0; i<10; i++)
            if(prime(*(p+_____))==1){
                printf("%d", *(a+i));
                sum+=*(a+i);
            }
            printf("\n%sum=%d\n", sum);
    }
    int prime(int x){
        int i;
        for(i=2; i<x/2;i++)
            if(x%i==0)
                return 0;
            _____;
    }
```

4. 以下程序中函数 huiwen 的功能是检查一个字符串是否为回文。当字符串是回文时，函数返回字符串：yes！；否则返回字符串：no！，并在主函数中输出。所谓回文即正向与反向的拼写都一样，例如，12321 就是回文。请填空。

```
    #include<stdio.h>
    #include<string.h>
    char *huiwen(char *str){
        char *p1, *p2;
        int i, t=0;
        p1=str;
        p2=_____;
        for(i=0;i<=strlen(str)/2;i++)
            if(*p1++!=*p2--){
                t=1;
                break;
            }
        if(_____) return ("yes");
        else            return ("no");
    }
    void main(){
        char str[50];
        printf("input: ");
        scanf("%s", str);
        printf("%s\n", _____);
```

三、编程题

1. 写出一个函数：将某已知数组的奇数项组合成一个新的数组。在主函数中调用该函数，并循环输出新数组的内容。要求：

(1) 主函数定义一个初始化的数组，该数组的值为：1，2，3，4，5，6，7，8，9，10，11。

(2) 写出一个函数，该函数的函数名为 OddArray，函数需要的参数个数为一个，参数数据类型为数组，函数的返回值为数组。函数体实现功能：将参数数组中的奇数项存入另外一个数组，并返回该数组到主函数中。

(3) 在主函数中定义一个新的数组，用于取得函数 OddArray 的返回值，然后循环显示数组的值。(显示出来 1，3，5，7，9，11)

2. 利用递归方法求 5!。

用递归方式求出阶乘的值。递归的方式为：

$$5! = 4! * 5$$
$$4! = 3! * 4$$
$$3! = 2! * 3$$
$$2! = 1! * 2$$
$$1! = 1$$

即要求出 5!，先求出 4!，要求出 4!，先求出 3! ……以此类推。要求：

(1) 定义一个函数，用于求阶乘的值。

(2) 在主函数中调用该递归函数，求出 5 的阶乘，并输出结果。

3. 利用求 n! 的方法计算 2!+3!+4!+5! 的值。要求：

分别利用递归和非递归方法实现求 n!。

4. 请编写函数 FUN，其功能是：将两个两位数的正整数 A、B 合并形成一个整数放在 C 中。合并的方式是：将 A 数的十位和个位数依次放在 C 数的个位和十位上，B 数的十位和个位数依次放在 C 数的百位和千位上。例如，当 A=16，B=35，调用该函数后，C=5361。

5. 打印出 2～99 的同构数。同构数是指这个数为该数平方的尾数，如 5 的平方为 25，6 的平方为 36，25 的平方为 625。要求：

调用带有一个输入参数的方法或函数实现，此方法或函数用于判断某个整数是否为同构数，输入参数为一个整型参数，返回值为布尔型。

6. 编程实现判断一个整数是否为素数。要求：

用带有一个输入参数的函数实现，返回值为布尔类型。

7. 当 n=5 时，求表达式：1/1!+1/2!+1/3!+…+1/N! 的值，保留 4 位小数位。要求：

用函数(递归)实现、Round 函数调用。

8. 随着城市的发展，公交车变成了人们日常生活中不可缺少的交通工具，而在高峰期，经常出现公交车满座的情况。现在假定初始在第一站时公车上有 K 个人，以后每经过一站车上的人先下去一半 K/2(K 除以 2 的整数部分)，然后再上 K 人，现在已知公交车的限乘人数 L，假定公交车在不能再上人(即 K−K/2+K>L)的时候就不再停靠站台而直接开往终点站，求公交车最后到达终点站时车上的人数。已知初始站台的总数为 10，初始车上的人数为 2 人，限乘的人数为 10 人。要求：

用递归方法实现。

9．编写函数实现：根据指定的 n，返回相应的斐波那契数列。

说明：斐波那契数列如下所示：

0，1，1，2，3，5，8，13，21……

即从 0 和 1 开始，其后的任何一个斐波那契数都是它前面两个数的和。例如，n=5，则返回数列 0，1，1，2，3，5。要求：

使用函数实现。原型为 int[ ] getFibonacciSeries(int n)。

10．编写函数实现：数组 A 是函数的输入参数，将数组 A 中的数据元素序列逆置后存储到数组 B 中，然后将数组 B 作为函数的返回值返回。

11．分析下列数据的规律，编写程序实现如下所示的输出。

```
1
1    1
1    2    1
1    3    3    1
1    4    6    4    1
1    5    10   10   5    1
```

要求：使用递归函数实现，递归函数有两个输入参数，返回值类型为整型。

12．编程实现以下要求。n 个人围坐成一圈，从第一个人开始计数，数到 m，第 m 个人出列，接下来继续计数，直到所有人都出列。例如：共有 5 个人，数到 3 出列，则顺序为 3，1，5，2，4。要求：

用带有两个输入参数(一个总人数，一个为计数 m)的方法或函数实现，返回值类型为数组。

项目六

指针——逢 3 退出小游戏

有 n 个小朋友围成一圈做游戏，按照顺序排号。从第一个小朋友开始报数(从 1 到 3 报数)，凡报到 3 的小朋友退出圈子，最后留下的小朋友奖励一个苹果，问最后留下的是原来第几号小朋友？

本项目主要功能：根据游戏要求和规则，求最后留下来的小朋友。通过本项目，读者能更好地了解并掌握数组、函数、指针的综合应用。

任务一 了解指针

1．概述

什么是指针？其实指针与其他变量一样，所不同的是一般的变量包含的是实际的真实数据，而指针是一个指示器，它告诉程序在内存的哪块区域可以找到数据。这是一个非常重要的概念，有很多程序和算法都是围绕指针而设计的。存储器中的一个字节称为一个存储单元，不同类型的数据占有的存储单元并不相同。内存单元的编号称为地址，根据内存单元的编号或地址就可以找到该内存单元，通常情况下，这个地址就叫指针。

指针和指针变量的区别是指针就是一个地址，它是一个常量；而指针变量是一个变量，是用来存放内存地址的变量，它既可存放变量地址，也可以存放其他数据结构地址。数组和函数在内存中是连续存放的，找到了首地址也就找到了数组和函数。

2．指针定义的一般形式

1) 指针变量的类型说明

对指针变量的类型说明包括以下三方面的内容：

① 指针类型说明，即定义变量为一个指针变量。

② 指针变量名。

③ 变量值(指针)所指向的变量的数据类型。

指针变量类型说明的一般形式为

　　　　类型说明符 *变量名;

其中，*表示这是一个指针变量，变量名即为定义的指针变量名，类型说明符表示本指针变量所指向的变量的数据类型。例如，

　　　　int *p1;

表示 p1 是一个指针变量，它的值是某个整型变量的地址。或者说 p1 指向一个整型变量。至于 p1 究竟指向哪一个整型变量，应由向 p1 赋值的变量的地址决定。再例如，

　　　　static int *p2;

　　　　/*p2 是指向静态整型变量的指针变量*/

　　　　float *p3;

　　　　/*p3 是指向浮点变量的指针变量*/

　　　　char *p4;

　　　　/*p4 是指向字符变量的指针变量*/

应该注意的是，一个指针变量只能指向同类型的变量，如 p3 只能指向浮点变量，不能时而指向一个浮点变量，时而又指向一个字符变量。

2) 指针变量的赋值

未经赋值的指针不能使用，而且如果赋值也只能是地址而不能是其他任何数据，取地址符号为&。一般情况下取地址格式为&变量名，变量名必须是预先已经说明过的。

指针变量赋值方法有以下几种。

① 初始化法，例如，

　　　　int a;

　　　　int *p=&a;

② 赋值法，例如，

　　　　int a; int *p;

　　　　p=&a;

不允许把一个数赋予指针变量，所以 int *p; p=100; 是错误的。被赋值的指针变量前不能加*，所以 int a; int *p; *p=&a; 也是错误的。

3．指针变量的运算

指针变量可以进行某些运算，但其运算的种类是有限的。它只能进行赋值运算和部分算术运算及关系运算。

1) 指针运算符

① 取地址运算符&。取地址运算符&是单目运算符，其结合性为自右至左，其功能是取变量的地址。在 scanf 函数及前面介绍的指针变量赋值中，我们已经了解并使用了&运算符。

② 取内容运算符*。取内容运算符*是单目运算符，其结合性为自右至左，用来表示指针变量所指的变量。在*运算符之后跟的变量必须是指针变量。需要注意的是指针运算符*和指针变量说明中的指针说明符*不是一回事。在指针变量说明中，"*"是类型说明符，表示其后的变量是指针类型。而表达式中出现的"*"则是一个运算符，用以表示指针变量所指的变量。例如，

```
main()
{
    int a=5,*p=&a;
    printf ("%d",*p);
    return 0;
}
```

表示指针变量 p 取得了整型变量 a 的地址。本语句表示输出 p 所指向的地址中的内容，即变量 a 的值。

2) 指针变量的运算

① 赋值运算。指针变量的赋值运算有以下几种形式：

a. 指针变量初始化赋值，前面已作介绍。

b. 把一个变量的地址赋予指向相同数据类型的指针变量。例如，

```
int a,*pa;
pa=&a;        /*把整型变量 a 的地址赋予整型指针变量 pa*/
```

c. 把一个指针变量的值赋予指向相同类型变量的另一个指针变量。例如，

```
int a,*pa=&a,*pb;
pb=pa;        /*把 a 的地址赋予指针变量 pb*/
```

由于 pa、pb 均为指向整型变量的指针变量，因此可以相互赋值。

d. 把数组的首地址赋予指向数组的指针变量。例如，

```
int a[5],*pa;
pa=a;         /*数组名表示数组的首地址，故可赋予指向数组的指针变量 pa*/
```

也可写为

```
pa=&a[0]; /*数组第一个元素的地址也是整个数组的首地址，也可赋予 pa*/
```

当然也可采取初始化赋值的方法：

```
int a[5],*pa=a;
```

e. 把字符串的首地址赋予指向字符类型的指针变量。例如，

```
char *pc;pc="c language";
```

或用初始化赋值的方法写为

```
char *pc="C Language";
```

这里应说明的是并不是把整个字符串装入指针变量，而是把存放该字符串的字符数组的首地址装入指针变量。关于这点在后面还将详细介绍。

f. 把函数的入口地址赋予指向函数的指针变量。例如，

```
int (*pf)();pf=f;    /*f 为函数名*/
```

② 加减算术运算。对于指向数组的指针变量，可以加上或减去一个整数 n。设 pa 是指向数组 a 的指针变量，则 pa+n、pa-n、pa++、++pa、pa--、--pa 运算都是合法的。指针变量加或减一个整数 n 的意义是把指针指向的当前位置(指向某数组元素)向前或向后移动 n 个位置。应该注意，数组指针变量向前或向后移动一个位置和地址加 1 或减 1 在概念上是不同的。因为数组可以有不同的类型，各种类型的数组元素所占的字节长度是不同的。如指针变量加 1，即向后移动 1 个位置，表示指针变量指向下一个数据元素的首地址，即移动了一个该数据类型的长度，而不是在原地址基础上加 1。例如，

```
int a[5],*pa;
pa=a;        /*pa 指向数组 a，也是指向 a[0]*/
pa=pa+2;    /*pa 指向 a[2]，即 pa 的值为&pa[2]*/
```

指针变量的加减运算只能对数组指针变量进行，对指向其他类型变量的指针变量作加减运算是毫无意义的。例如，

```
main()
{
    int a=10,b=20,s,t,*pa,*pb;
    pa=&a;
    pb=&b;
    s=*pa+*pb;
    t=*pa**pb;
    printf("a=%d\nb=%d\na+b=%d\na*b=%d\n",a,b,a+b,a*b);
    printf("s=%d\nt=%d\n",s,t);
}
```

再例如，

```
main()
{
    int a,b,c,*pmax,*pmin;
    printf("input three numbers:\n");
    scanf("%d%d%d",&a,&b,&c);
    if(a>b)
    {
        pmax=&a;
        pmin=&b;
    }
    else
    {
        pmax=&b;
        pmin=&a;
```

```
        }
        if(c>*pmax) pmax=&c;
        if(c<*pmin) pmin=&c;
        printf("max=%d\nmin=%d\n",*pmax,*pmin);
    }
```

任务二　了解指针与数组、函数的应用

1．指针和数组的定义

数组名代表了数组的起始地址(即第一个元素的地址)。数组的起始地址称为数组的指针，数组各元素的地址称为数组元素的指针。例如，

```
        int a[10];
        int *p;
        p=&a[0];
        p=a;
```

再例如，

```
        int a[10];
        int *p=&a[0];
        *p=1;
```

又例如，

```
        int a[10],*p=a;
        *p=1;
```

上例表示对 p 当前所指向的数组的元素 a[0]赋值为 1。

如果想要通过指针变量 p 引用 a[3]，则可对 p 的值加 3，然后用指针运算符。例如，

```
        *(p+3)=27;
```

该语句表示对 a[3]赋值为 27，因为 p+3 所指向的元素为 a[3]。

(p+i)，(a+i)表示 p+i 和 a+i 所指向的数组元素，即 a[i]。例如，*(p+3)，*(a+3)都表示 a[3]。

指向数组的指针变量也可以用下标形式，如 p[i]与*[p+i]等价。

下标法：如 a[i]的形式。

指针法：如*(p+i)或*(a+i)，其中 a 是数组名，p 是指向数组的指针变量，其初始值为 p=a;。

2．数组指针的应用

指向数组的指针变量称为数组指针变量。在讨论数组指针变量的说明和使用之前，我们先明确几个关系。

一个数组是由连续的一块内存单元组成的。数组名就是这块连续内存单元的首地址。一个数组也是由各个数组元素(下标变量)组成的。每个数组元素按其类型不同占有几个连续的内存单元。一个数组元素的首地址也是指它所占用的几个内存单元的首地址。一个指针变量既可以指向一个数组,也可以指向一个数组元素,可把数组名或第一个元素的地址赋予它。如要使指针变量指向第 i 号元素,可以把 i 元素的首地址赋予它或把数组名加 i 赋予它。例如,

```
main()
{
    int a[5],i;
    for(i=0;i<5;i++)
    {
        a[i]=i;
        printf("a[%d]=%d\n",i,a[i]);
    }
    printf("\n");
}
```

又例如,

```
main()
{
    int a[5],i,*pa;
    pa=a;
    for(i=0;i<5;i++)
    {
        *pa=i;
        pa++;
    }
    pa=a;
    for(i=0;i<5;i++)
    {
        printf("a[%d]=%d\n",i,*pa);
        pa++;
    }
}
```

再例如,

```
main()
{
    int a[5],i,*pa=a;
    for(i=0;i<5;)
```

```
    {
        *pa=i;
        printf("a[%d]=%d\n",i++,*pa++);
    }
}
```

3. 数组名和数组指针变量作函数参数

数组名就是数组的首地址，实参向形参传送数组名实际上就是传送数组的地址，形参得到该地址后也指向同一数组。这就好像同一件物品有两个彼此不同的名称一样。同样，指针变量的值也是地址，数组指针变量的值即为数组的首地址，当然也可作为函数的参数使用。例如，

```
float aver(float *pa);
main()
{
    float sco[5],av,*sp;
    int i;
    sp=sco;
    printf("\ninput 5 scores:\n");
    for(i=0;i<5;i++) scanf("%f",&sco[i]);
    av=aver(sp);
    printf("average score is %5.2f",av);
}
float aver(float *pa)
{
    int i;
    float av,s=0;
    for(i=0;i<5;i++) s=s+*pa++;
    av=s/5;
    return av;
}
```

又例如，

```
#include"stdio.h"
int array_sum(int array[],int n)
{
    int sum=0,*pointer;
    int *array_end=array+n;
    for(pointer=array;pointer<array_end;++pointer)
    sum+=*pointer;
```

```
            return(sum);
    }
    main()
    {
        static int values[10]={3,7,-9,3,6,-1,7,9,1,-5};
        printf("the sum of the array is %d\n",array_sum(values,10));
        return 0;
    }
```

例如，将数组 a 中的 n 个整数按相反顺序存放。

方法一：实参用数组、形参用指针变量来实现，程序如下：

```
    #include"stdio.h"
    void inv(int *x,int n)
    {
        int t,*p,*j,*i,m=(n-1)/2;
        i=x;
        j=x+n-1;
        p=x+m;
        for(;j<=p;i++,j--)
        {
            t=*i;
            *i=*j;
            *j=t;
        }
    }
    main()
    {
        int i,a[10]={1,2,3,4,5,6,7,8,9,10};
        inv(a,10);
        printf("The array has been reverted:\n");
        for(i=0;i<10;i++)
            printf("%d ",a[i]);
        printf("\n");
        return 0;
    }
```

方法二：实参用指针变量、形参用数组来实现：

```
    #include"stdio.h"
    void inv(int x[],int n)
```

```
{
    int t,i,j,m=(n-1)/2;
    for(i=0;i<m;i++)
    {
        j=n-1-i;
        t=x[i];
        x[i]=x[j];
        x[j]=t;
    }
}
main()
{
    int i,*p,a[10]={1,2,3,4,5,6,7,8,9,10};
    p=a;
    inv(a,10);
    printf("the array has been reverted:\n");
    for(p=a;p<a+10;p++)
    printf("%d",*p);
    return 0;
}
```

方法三：形参和实参都用指针变量来实现：

```
#include"stdio.h"
void inv(int *x,int n)
{
    int t,*i,*j,*p,m=(n-1)/2;
    i=x;
    j=x+n-1;
    p=x+m;
    for(;i<=p;i++,j--)
    {
        t=*i;
        *i=*j;
        *j=t;
    }
}
main()
{
```

```
        int i,*p,a[10]={1,2,3,4,5,6,7,8,9,10};
        p=a;
        inv(p,10);
        printf("the array has been reverted:\n");
        for(p=a;p<a+10;p++)
            printf("%d ",*p);
        return 0;
    }
```

4．字符串数组和字符指针变量

用字符串数组和字符指针都可以实现字符串的存储和运算，但两者有一定的区别。

(1) 字符指针变量本身是一个变量，用于存放字符串的首地址。而字符串本身存放于以此为首地址的一块连续的内存空间中，并以"\0"结束。字符串数组是由若干个数组元素组成的，它可以存放整个字符串。

(2) 对字符串数组赋值作初始化时，必须用外部类型或静态类型，即必须为静态存储方式，而字符指针无此限制。

(3) 对于字符指针方式，有 char *p="China";可写为 char *p; p="China";

而数组 static char s[]="China";不能写为 char s[5]; s={"China"};

对数组的赋值(非赋初值)只能对字符串数组中的每一个元素逐一赋值。例如，

```
    int max(int a,int b)
    {
        if(a>b)return a;
        else return b;
    }
    main()
    {
        int max(int a,int b);
        int(*pmax)();
        int x,y,z;
        pmax=max;
        printf("input two numbers:\n");
        scanf("%d%d",&x,&y);
        z=(*pmax)(x,y);
        printf("maxmum=%d",z);
    }
```

例如，
```
    main()
    {
```

```
        int i;
        char *day_name(int n);
        printf("input Day No:\n");
        scanf("%d",&i);
        if(i<0)
        exit(1);
        printf("Day No:%2d_>%s\n",i,day_name(i));
    }

        char *day_name(int n)
    {
        static char *name[]={ "Illegal day","Monday","Tuesday","Wednesday",
        "Thursday","Friday","Saturday","Sunday"};
        return((n<1||n>7) ? name[0] : name[n]);
    }
```

又例如，指针数组作指针型函数的参数。

```
    main()
    {
        static char *name[]={ "Illegal day","Monday","Tuesday","Wednesday","Thursday",
        "Friday", "Saturday","Sunday"};
        char *ps;
        int i;
        char *day_name(char *name[],int n);
        printf("input Day No:\n");
        scanf("%d",&i);
        if(i<0)
        exit(1);
        ps=day_name(name,i);
        printf("Day No:%2d_>%s\n",i,ps);
    }
    char *day_name(char *name[],int n)
    {
        char *pp1,*pp2;
        pp1=*name;
        pp2=*(name+n);
        return((n<1||n>7)? pp1:pp2);
    }
```

任务三 实例体验

在设计完整的项目之前，我们先演示一下小游戏，有助于大家体会本项目的处理过程。这种思想可以应用到更多的问题上。我们的总体思想就是数字代入法，经过几个具体的实例，总结出一个公式或者一个专门的代码。

假设我们总共有 20 个小朋友。

(1) 根据项目要求逢 3 退出的规则，第一轮退出的是：3，6，9，12，15，18。

1	2	3	4	5	6	7	8	9	10	11	12	13	14	15	16	17	18	19	20

(2) 第二轮退出的是：1，5，10，14，19。

1	2	4	5	7	8	10	11	13	14	16	17	19	20

(3) 第三轮退出的是：4，11，17。

2	4	7	8	11	13	16	17	20

(4) 第四轮退出的是：7，16。

2	7	8	13	16	20

(5) 第五轮退出的是：8。

2	8	13	20

(6) 第六轮退出的是：2。

2	13	20

(7) 第七轮退出的是：13。

13	20

最后一个小朋友是 20 号，程序结束。

任务四 算法归纳

根据任务一细化的功能和任务三中的实例，我们可以设计以下几步实现功能，这些步骤即可称为算法。逢 3 退出的算法如下：

(1) 先规定有多少小朋友参加这个小游戏。
(2) 给每个小朋友编号。
(3) 小朋友围成一个圈，从第一个小朋友开始报数，逢 3，这个小朋友就退出。
(4) 离他最近的小朋友，又从 1 开始报数，逢 3，这个小朋友就退出。
(5) 直到只剩下最后一个小朋友，他(她)就可以得到奖品——苹果。

任务五 画流程图

用流程图的方式表示上述算法，如图 6.1 所示。

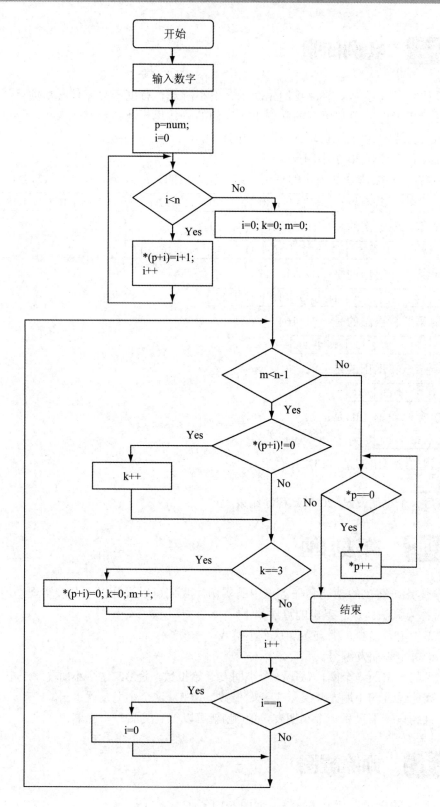

图 6.1　流程图

任务六 项目实现

本项目的实现程序如下：

```c
#include "stdio.h"
#include "conio.h"
#define NMAX 50
main()
{
    int i,k,m,n,num[NMAX],*p;
    printf("please input the total of numbers:");
    scanf("%d",&n);
    p=num;
    for(i=0;i<n;i++)
       *(p+i)=i+1;
    i=0;
    k=0;
    m=0;
    while(m<n-1)
    {
if(*(p+i)!=0) k++;
if(k==3)
{
    *(p+i)=0;
    k=0;
    m++;
}
i++;
if(i==n) i=0;
}
    while(*p==0) p++;
printf("%d is left\n",*p);
return 0;
}
```

程序运行结果如图 6.2 所示。

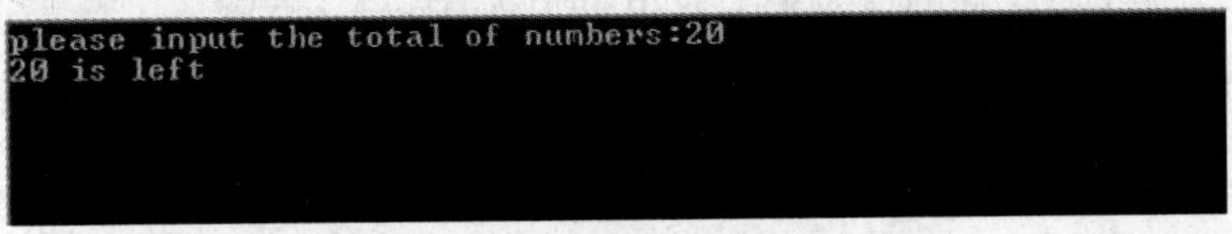

图 6.2　程序运行结果

思 考 与 练 习

一、选择题

1. 以下程序的输出结果是(　　)。

```
main( ){
    int a=25,*p;
    p = &a;
    printf("%d", ++*p);
```

　A．23　　　　　B．24　　　　　C．25　　　　　D．26

2. 类型相同的两个指针变量之间不能进行的运算是(　　)。

　A．<　　　　　B．=　　　　　C．+　　　　　D．-

3. 若有语句"int(*p)[M];"，其中标识符 p 表示的是(　　)。

　A．M 个指向整型变量的指针

　B．指向 M 个整型变量的函数指针

　C．一个指向具有 M 个整型元素的一维数组的指针

　D．具有 M 个指针元素的一维数组，每个元素都是指向整型变量的指针

4. 若有语句"int(*p)( );"，其中标示符 p 表示的是(　　)。

　A．指向整型变量的指针　　　　B．指向整型函数的指针

　C．返回整型指针的函数　　　　D．返回整型变量的函数

5. 以下程序的运行结果是(　　)。

```
sub(int x, int y, int *z){
    *z = y – x;
}
    main(){
    int a, b, c;
    sub(10, 5, &a);
    sub(7, a , &b);
    sub(a, b, &c);
    printf("%4d,%4d,%4d\n",a,b,c);
}
```

　A．5, 2, 3　　　　　　　　　　　B．−5, −12, −7

　C．−5, −12, −17　　　　　　　　　D．5, −2, −7

6. 执行以下程序后，a 的值为【①】，b 的值为【②】。

```
main() {
        int a,b,k=4,m=6,*p1=&k,*p2=&m;
        a = p1 == &m;
        b = (-*p1)/(*p2) + 7;
```

```
                printf("a=%d\n",a);
                printf("b=%d\n",b);
        }
```

【①】 A．−1   B．1   C．0   D．4

【②】 A．5   B．6   C．7   D．10

7．变量的指针的含义是指该变量的(   )。

  A．值   B．地址   C．名   D．一个标志

8．若有定义 int a = 5;，则下面对①②两个语句的解释正确的是(   )。

  ① int *p = &a;   ② *p = a;

  A．语句①和②中的*p 含义相同，都表示给指针变量 p 赋值

  B．①和②语句的执行结果，都是把变量 a 的地址值赋值给指针变量 p

  C．① 在对 p 进行说明的同时进行初始化，使 p 指向 a

   ② 将变量 a 的值赋值给指针变量 p

  D．① 在对 p 进行说明的同时进行初始化，使 p 指向 a

   ② 将变量 a 的值赋值给*p

9．若有语句 int *point, a=4; 和 point = &a;，下面均代表地址的一组选项是(   )。

  A．a, point, *&a   B．&*a, &a, *point

  C．*&point, *point, &a   D．&a, &*point, point

10．若有说明：int *p1, *p2, m=5, n;，以下均是正确赋值语句的选项是(   )。

  A．p1 = &m; p2 = &p1;   B．p1 = &m; p2 = &n; *p1 = *p2;

  C．p1 = &m; p2 = p1;   D．p1 = &m; *p2 = *p1;

二、填空题

1．以下程序的输出结果是_____。

```
#include "stdio.h"
void fun(int x);
int main(){
        int x = 3;
        fun(x);
        printf("x=%d\n",x);
}
void fun(int x){
        x = 5;
}
```

2．以下程序的输出结果是_____。

```
#include "stdio.h"
void fun(int *p);
int main(){
        int x = 3;
        fun(&x);
```

```
        printf("x=%d\n",x);
    }
    void fun(int *p){
        *p = 5;
    }
```

3．若有定义 int a[]={2,4,6,8,10,12}, *p = a;，则*(p+1)的值是_____，*(p+5)的值是_____。

4．若有定义 int a[10],，*p=a;，则 p+5 表示_____。

5．以下函数可以实现的功能是：交换主函数传过来的两个整型参数的值。请填空。

```
    void   change (int *m, int *n){
        _____;
        temp = *m;
        *m = *n;
        _____;
    }
```

6．以下程序的功能是：通过指针操作，找出 3 个整数中的最小值并输出。请填空。

```
    #include "stdio.h"
    main(){
        int *a, *b, *c, num, x, y, z;
        a = &x;   b = &y;   c = &z;
        printf("输入 3 个整数: ");
        scanf("%d%d5d", a, b, c);
        printf("%d, %d, %d\n", *a, *b, *c);
        num = *a;
        if(*a > *b) _____;
        if(num > *c) _____ ;
        printf("输出最小整数: %d\n", num);
    }
```

7．请填空：

建立如图 6.3 所示的存储结构所需的说明语句是_____。

建立如图 6.3 所示的给 a 输入数据的输入语句是_____。

建立如图 6.3 所示的存储结构所需的赋值语句是_____。

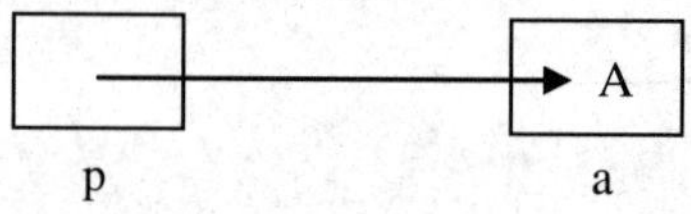

图 6.3　题 7 图

8．以下程序的功能是输出数组 a 中的最大元素，并由指针 s 指向该元素。请填空。

```
main() {
    int a[10] = {6,7,2,9,1,23,12,45,13,4,8}, *p, *s;
    for(p=a,s=a; p-a<10; p++)
        if(_____) s = p;
    printf("%d",*s);
}
```

9. 以下 conj 函数的功能是将两个字符串 s 和 t 连接起来。请填空。

```
char *conj(char *s, char *t){
    char *p=s;
    while(*s) _____;
    while(*t){
        *s = _____;
        s++;
        t++;
    }
    *s = '\0';
    _____;
}
```

10. 以下函数的功能是删除字符串 s 中的所有空格(包括 Tab、回车符和换行符)。请填空。

```
void trim(char *s){
    int i,t;
    char c[80];
    for(i=0,t=0; _____; i++)
        if(!isspace(_____)) c[t++] = s[i];
    c[t] = '\0';
    strcpy(s,c);
}
```

三、编程题

1. 编写函数实现交换两个变量的值；然后在主函数中调用该函数，并输出交换后的变量值。

要求：用指针变量作为函数参数。

2. 设计一个程序，输入一个十进制正整数，输出其对应的十六进制数。要求使用指针完成。

项目七

结构体——学生信息登记表

在现实生活中，常常会遇到具有不同数据类型的一组数据，如表 7.1 所示的学生信息登记表 1，包括姓名、学号、年龄、性别、成绩，显然该数据无法用前面所学的单一数据类型来表示。

表 7.1　学生信息登记表(1)

学号(num)	姓名(name)	性别(sex)	年龄(age)	成绩(score)
01010101	李小明	男	19	88
01020202	王芳	女	18	78
02010303	刘灿	女	19	95
03010404	赵小涛	男	19	68

通过本项目的学习，要完成对表 7.1 学生信息登记表(1)的输入和输出。

任务一　了解结构体

结构体是一种复合的数据类型，也是由若干"成员"组成的一个构造类型。每一个"成员"的数据类型可以不同，允许是一个基本数据类型或者是一个构造类型，如数组、指针或其他结构体等。结构体类型不同于基本类型，它有以下几个特点。

(1) 结构体由若干"成员"组成，它们都属于一种已经定义的数据类型。

(2) 系统并没有预先定义结构体类型，必须由设计者事先进行"构造"。

(3) 要使用结构体类型数据，必须要先定义结构体，然后再定义此种类型的变量。

1. 结构体类型定义

结构体的定义形式如下：

```
struct  结构名
{
类型    成员变量名 1;
类型    成员变量名 2;
…
类型    成员变量名 n;
};
```

在这个结构定义中，struct 是一个关键字，用于定义结构体的类型，"成员"定义以分号表示结束。根据结构体定义，前面表 7.1 所示的学生信息登记表(1)就可以用结构体来表示了，定义情况如下：

```
struct   stu              /*定义学生信息结构体类型*/
{
    char num[10];         /*学号*/
    char name[20];        /*姓名 */
    char sex[4];          /*性别*/
    int    age ;          /*年龄*/
    int    score;         /*成绩*/
};
```

在这个定义中，定义了一个名为 stu 的学生信息结构体类型，它由 5 个成员组成。第一个成员为 num，为字符数组；第二个成员为 name，为字符数组；第三个成员为 sex，为字符数组；第四个成员为 age，为整型变量；第五个成员为 score，为整型变量。结构体定义之后，就可以同其他数据类型一样，来定义该类型的结构体变量了。

2．结构类型变量的说明

说明结构类型变量有以下两种常用方法，我们以上面定义的 stu 为例来加以说明。

(1) 在定义结构类型的同时说明结构变量。例如，

```
struct   stu              /*定义学生信息结构类型*/
{
    char num[10];         /*学号*/
    char name[20];        /*姓名 */
    char sex[4];          /*性别*/
    int    age ;          /*年龄*/
    int    score;         /*成绩*/
} boy1,boy2, *p ,s[4];
```

说明：上面定义了 4 个 stu 结构体类型的变量 boy1、boy2、s 和 p，其中 p 为结构体指针变量，s 为结构体数组变量，共有 s[0]～s[3]4 个元素，每个数组元素都具有 stu 的结构体形式。

(2) 先定义结构，再说明结构变量。例如，

```
struct   stu              /*定义学生信息结构类型*/
```

```
    {
        char num[10];           /*学号*/
        char name[20];          /*姓名 */
        char sex[4];            /*性别*/
        int   age ;             /*年龄*/
        int   score;            /*成绩*/
    };
    struct stu boy1,boy2,*p,s[4];
```

说明：在这里同样定义了 4 个结构体变量，定义时，struct stu 为一个整体，表示一个结构体类型 stu，不能省略前面的关键字 struct。

3. 结构体变量的初始化

结构体类型变量同数组一样，可以在定义时对其进行初始化，也可以将定义与初始化分开。

(1) 在定义结构体变量时可对其进行初始化。例如，

```
    struct   stu                /*定义学生信息结构类型*/
    {
        char num[10];           /*学号*/
        char name[20];          /*姓名 */
        char sex[4];            /*性别*/
        int   age ;             /*年龄*/
        int   score;            /*成绩*/
    } boy1={"01010101", "李小明", "男",19,88},boy2, *p ,
    s[4]={ {"01010101", "李小明", "男",19,88},
           {"01020202", "王芳", "女",18,78},
           {"02010303", "刘灿", "女",19,95},
           {"03010404", "赵小涛", "男",19,68} };
```

(2) 将结构体变量定义与初始化分开。例如，

```
    struct   stu                /*定义学生信息结构类型*/
    {
        char num[10];           /*学号*/
        char name[20];          /*姓名 */
        char sex[4];            /*性别*/
        int   age ;             /*年龄*/
        int   score;            /*成绩*/
    } boy1,boy2, *p ,s[4];
    struct stu   boy1={"01010101", "李小明", "男",19,88};
    struct stu   s[4]={ {"01010101", "李小明", "男",19,88},
                        {"01020202", "王芳", "女",18,78},
```

{"02010303", "刘灿", "女",19,95},

{"03010404", "赵小涛", "男",19,68} };

4．结构体变量的存储

结构体变量也是一种变量，在定义结构体类型时并不会分配存储空间，只有在进行结构体变量定义时，才会分配内存空间，其形式与数组类似，是按结构体成员定义的先后顺序连续分配空间的，从而使用该结构变量存储"成员"数据。例如，定义表 7.1 的学生信息结构体变量 boy1、boy2，代码如下：

```
struct    stu               /*定义学生信息结构类型*/
{
    char num[10];           /*学号*/
    char name[20];          /*姓名*/
    char sex[4];            /*性别*/
    int    age ;            /*年龄*/
    int    score;           /*成绩*/
}boy1,boy2;
```

则 boy1、boy2 在内存中的存储形式如图 7.1 所示。

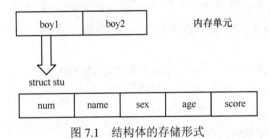

图 7.1　结构体的存储形式

任务二 **结构体变量的引用**

结构体变量定义好后，允许相同结构体类型变量相互赋值，但结构体不能整体引用，只可以引用其"成员"。"成员"引用类似于数组的引用，分别对对应的各个成员进行引用，对结构体变量的大部分操作，如赋值、运算、输入、输出等都是通过对结构体的引用来实现的。

结构体成员的引用方式有如下两种：

(1) 采用"."运算符引用结构体变量成员的一般形式：

　　结构变量名.成员名

(2) 采用"->"运算符引用结构体指针变量成员的形式：

　　结构指针变量名->成员名

1．引用结构变量成员的一般形式

"."运算符中，"."可以理解为"的"，即结构变量名的成员名。例如，

```
    struct   stu              /*定义学生信息结构类型*/
    {
        char num[10];         /*学号*/
        char name[20];        /*姓名*/
        char sex[4];          /*性别*/
        int   age ;           /*年龄*/
        int   score;          /*成绩*/
    }boy1,boy2,s[4];
    ……
    printf("%s", boy1.num);   /*即显示 boy1 的学号内容*/
    scanf("%s",boy2.sex);     /*即输入 boy2 的性别*/
     s[1].age=19;             /*即数组 s 中元素 1 的年龄赋值为 19*/
```

注意：s 为数组，不能用 s.age=19 来赋值；sex 为字符数组，不能用 boy1.sex="男"来直接赋值，应该使用 strcpy(boy1.sex, "男")来实现。

2．引用结构体指针变量成员的形式

在声明一个结构体变量为指针类型时，则称之为结构体指针变量，此时可以采用"->"运算符来引用其"成员"；"->"运算符是由减号和大于号组成的。与前面讨论的各类指针变量相同，结构体指针变量也必须要先赋值后才能使用，它的值为指向的结构体变量的首地址。例如，

```
    struct   stu                  /*定义学生信息结构类型*/
    {
        char num[10];             /*学号*/
        char name[20];            /*姓名*/
        char sex[4];              /*性别*/
        int   age ;               /*年龄*/
        int   score;              /*成绩*/
     }boy1,s[4],*p1,*p2 ;
    …
    p1=&boy1;                     /*即指针 p1 指向 boy1 */
    p2=s;                         /*即指针 p2 指向数据 s 的首地址*/
    printf("%s", p1->num);        /*即显示 boy1 的学号内容*/
    scanf("%s",p1->sex);          /*即输入 boy1 的性别*/
     p1->age=19;                  /*即 boy1 的年龄赋值为 19 */
     (p2+1)->score=80;            /*实际也就是 s[1].score=80 */
    …
```

说明：结构指针变量名->成员名也可用(*结构指针变量).成员名来代替。

上例中，scanf("%s",p1->sex)可以写为 scanf("%s", (*p1).sex);

p1->age=19 可写为 (*p1).age；

(p2+1)->score=80 可写为(*(p2+1)).score=80 或 s[1].score=80。

注意：(*p)两侧的括号不可少，因为成员符"."的优先级高于"*"。如去掉括号写作*p.age 则等效于*(p.age)，这样意义就完全不同了。

任务三　输入学生信息

根据前面所学知识，就可以实现对本项目(学生信息登记表)的输入功能。通过分析可以发现，表 7.1 所示的学生信息有多条记录(多个学生信息)，一个学生用一个变量显然是不可取的，所以需要用结构体数组变量来实现对多条记录的输入，可以通过以下两种常用方法来实现。

(1) 如前面所提到的，通过在定义结构体及声明数组变量时，对数组内容进行初始化来实现(严格来讲这种方法并不符合我们的要求，我们的目标是要通过运行时来输入)。具体程序实现如下：

```
struct   stu          /*定义学生信息结构类型*/
{
    char num[10];      /*学号*/
    char name[20];     /*姓名*/
    char sex[4];       /*性别*/
    int   age ;        /*年龄*/
    int   score;       /*成绩*/
}s[4]= { {"01010101", "李小明", "男",19,88},
        {"01020202", "王芳", "女",18,78},
        {"02010303", "刘灿", "女",19,95},
        {"03010404", "赵小涛", "男",19,68} };
main()
{…}
```

或在 main()内对数组初始化：

```
struct   stu          /*定义学生信息结构类型*/
{
    char num[10];      /*学号*/
    char name[20];     /*姓名*/
    char sex[4];       /*性别*/
    int   age ;        /*年龄*/
    int   score;       /*成绩*/
    }s[4];
main()
{
    struct stu s[4] = { {"01010101", "李小明", "男",19,88},
```

```
                            {"01020202", "王芳", "女",18,78},

                            {"02010303", "刘灿", "女",19,95},

                            {"03010404", "赵小涛", "男",19,68} };

                    …

                    …

                }
```

说明： 这种实现方法只能实现学生记录数目确定的情况。

(2) 另一种方法：采用循环语句加 scanf( )函数来实现。具体程序实现如下：

```
struct    stu            /*定义学生信息结构类型*/

{

    char num[10];        /*学号*/

    char name[20];       /*姓名*/

    char sex[4];         /*性别*/

    int   age ;          /*年龄*/

    int    score;        /*成绩*/

}s[4];

main()

{

    int i;

    printf("请输入学生信息\n");

    printf("学号   姓名   性别 年龄 成绩：\n");

    for(i=0 ; i<4 ; i++)

scanf("%s %s %s %d %d",&s[i].num,&s[i].name,&s[i].sex,&s[i].age,
&s[i].score);

…

…

}
```

运行结果如图 7.2 所示。

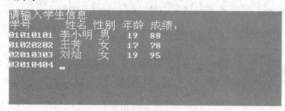

图 7.2   运行结果

任务四 输出学生信息

要实现学生信息的输出，可以根据结构体成员的引用方法，采用循环语句加 printf( )

函数来实现。程序实现如下：

```
struct    stu              /*定义学生信息结构类型*/
{
    char num[10];          /*学号*/
    char name[20];         /*姓名*/
    char sex[4];           /*性别*/
    int    age ;           /*年龄*/
    int    score;          /*成绩*/
}s[4];
main()
{
  int i;
…
    printf("学号  姓名   性别 年龄 成绩：\n");
    for(i=0 ; i<4 ; i++)
printf("%s %s %s %d %d\n",s[i].num,s[i].name,s[i].sex,s[i].age,s[i].score);
…
    }
```

任务五　项目功能实现

将任务三和任务四的任务分别实现之后，本项目的功能就自然实现了。完整程序如下：

```
#include   "stdio.h"
struct    stu              /*定义学生信息结构类型*/
{
    char num[10];          /*学号*/
    char name[20];         /*姓名*/
    char sex[4];           /*性别*/
    int    age ;           /*年龄*/
    int    score;          /*成绩*/
}s[4];
main()
{
    int i;                 /*定义变量*/
  printf("请输入学生信息\n");
    printf("学号  姓名   性别 年龄 成绩：\n");
for(i=0 ; i<4 ; i++)
```

```
scanf("%s %s %s %d %d", &s[i].num, &s[i].name, &s[i].sex, &s[i].age, &s[i].score);
printf("你输入的学生信息如下：\n");
printf("学号  姓名   性别  年龄  成绩：\n");
for(i=0 ; i<4 ; i++)
printf("%s \t%s \t%s \t%d \t%d\n",
s[i].num,s[i].name,s[i].sex,s[i].age,s[i].score);
    return 0;
}
```

程序运行结果如图 7.3 所示。

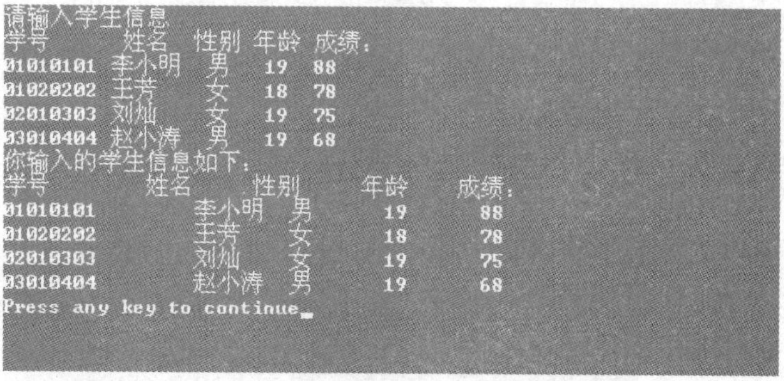

图 7.3 程序运行结果

通过上面程序分析可知，该程序只能实现具体已知数目记录。我们可以对上述程序进行改进，以达到随机可控，如每次输入一个记录前提示是否要继续输入；同时，通过变量控制得到输入的记录数目。改进后的程序如下：

```
#include   "stdio.h"
struct    stu              /*定义学生信息结构类型*/
{
    char num[10];          /*学号*/
    char name[20];         /*姓名*/
    char sex[4];           /*性别*/
    int   age ;            /*年龄*/
    int   score;           /*成绩*/
  }s[100];
input();                   /*声明输入函数*/
output( );                 /*声明输出函数*/
int i=0,j=0;
main()
{
    char b;
```

```
    while(1)
    {
      printf("\n.........................................\n");
      printf("      <1>输入学生信息：\n");
      printf("      <2>输出学生信息：\n");
      printf("      <3>退出：    ");
      printf("\n…………………........................\n");
      b=getchar( );
      switch(b)
      {
        case '1':
          input( );
          break;
        case '2':
          output( );
          break;
        case '3':
          exit( );
      }
    }
}
 /*定义输入函数*/
input( )
{ printf("请输入学生信息：\n");
scanf("%s %s %s %d %d",&s[i].num,&s[i].name,&s[i].sex,&s[i].age,&s[i].score);
  i++;
  j++;
}
 /*定义输出函数*/
output( )
{   printf("你输入的学生信息如下：\n");
printf("学号　姓名　性别　年龄　成绩：\n");
    for(i=0;i<j;i++)
    printf("%s \t%s \t%s \t %d \t %d\n",
s[i].num,s[i].name,s[i].sex,s[i].age,s[i].score);
  }
```

程序运行结果如图 7.4 和图 7.5 所示。

按 "1" 输入学生信息，如图 7.4 所示。

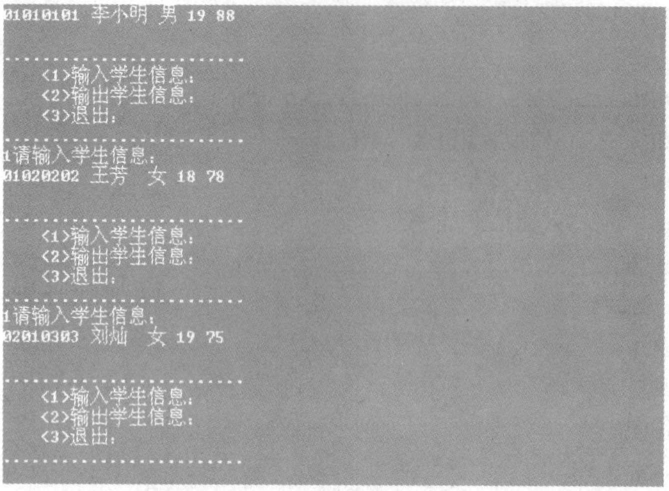

图 7.4　按 "1" 输入学生信息

按 "2" 输出学生信息, 如图 7.5 所示。

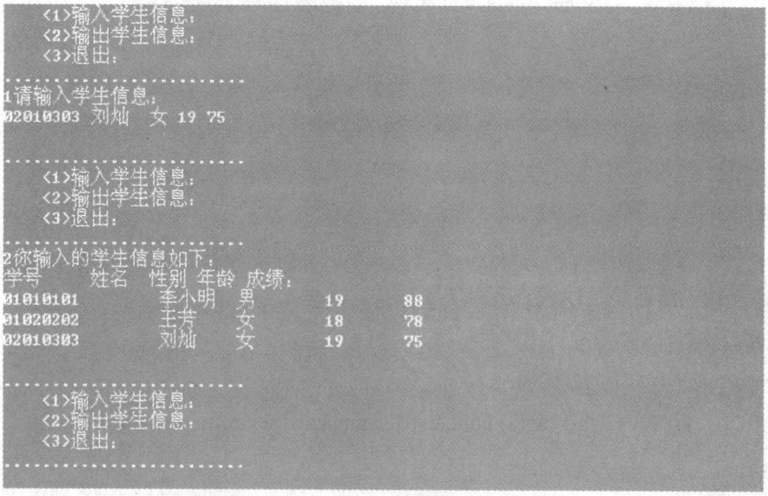

图 7.5　按 "2" 输出学生信息

任务六　项目扩展

1. 根据学生成绩进行排序

学生成绩只是学生信息的一个 "成员", 如果根据成绩好坏对成绩进行排序, 此时没有交换整个学生记录, 会导致学生信息错乱, 所以需按成绩好坏交换整个学生记录, 这就需要定义一个结构体类型的中间变量, 实现记录的整体交换。具体程序如下(降序):

```c
#include   "stdio.h"
struct   stu              /*定义学生信息结构类型*/
{
```

```c
    char num[10];        /*学号*/
    char name[20];       /*姓名 */
    char sex[4];         /*性别*/
    int   age ;          /*年龄*/
    int   score;         /*成绩*/
  }s[100],t;
input( );                /*声明输入函数*/
sort( );                 /*声明排序函数*/
output( );               /*声明输出函数*/
int i=0,j=0;
main( )
{
    char b;
    while(1)
    {
    printf("\n........................................\n");
    printf("    <1>输入学生信息: \n");
    printf("    <2>按成绩排序: \n");
    printf("    <3>输出学生信息: \n");
    printf("    <4>退出:     ");
    printf("\n........................................\n");
    b=getchar( );
    switch(b)
    {
     case '1':
       input( );
       break;
     case '2':
       sort( );
       break;
     case '3':
       output( );
       break;
     case '4':
       exit( );
     }
    }
}
    /*定义输入函数*/
```

```
input( )
{ printf("请输入学生信息：\n");
scanf("%s %s %s %d %d",&s[i].num,&s[i].name,&s[i].sex,&s[i].age,&s[i].score);
    i++;
    j++;
}
 /*按学生成绩，进行冒泡排序*/
sort( )
{ int k,l;
  for(k=0;k<j-1;k++)
   for(l=0;l<j-1;l++)
     if(s[l].score<s[l+1].score)
        {t=s[l];
         s[l]=s[l+1];
         s[l+1]=t;
         }

}
 /*定义输出函数*/
output( )
{    printf("你输入的学生信息如下：\n");
     printf("学号    姓名    性别    年龄    成绩：\n");
   for(i=0;i<j;i++)
   printf("%s  \t%s \t%s \t%d \t%d\n",
s[i].num,s[i].name,s[i].sex,s[i].age,s[i].score);
   }
```

程序运行结果如图 7.6 和图 7.7 所示。

排序之前如图 7.6 所示。

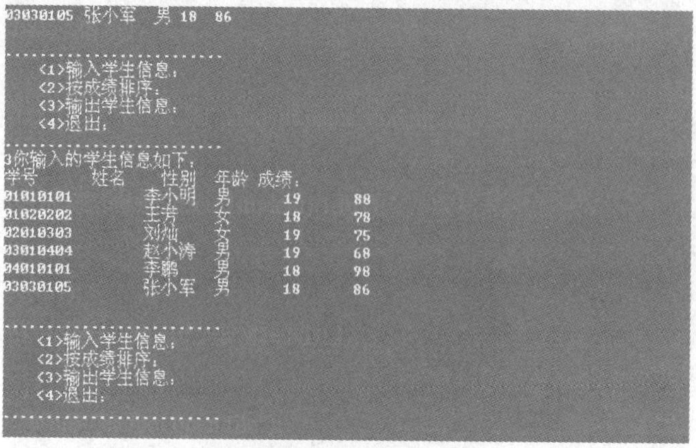

图 7.6   排序之前

排序之后如图 7.7 所示。

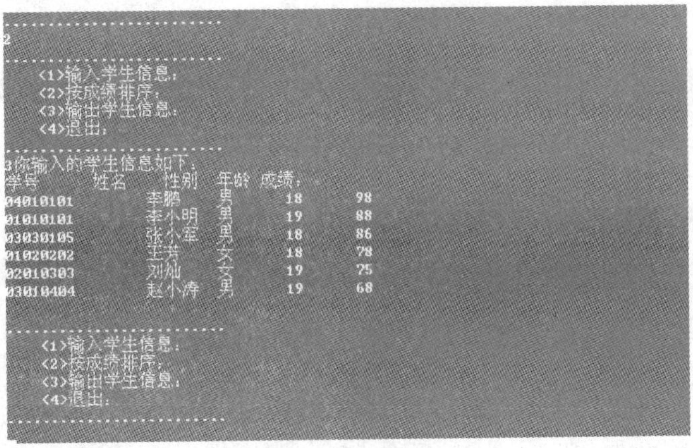

图 7.7　排序之后

2．结构体嵌套

结构体成员也可以又是一个结构体，即形成了结构体的嵌套。如表 7.2 所示，学生成绩由语文、数学、英语三门课程组成，显然成绩就是一个结构体类型的成员。

表 7.2　学生信息登记表(2)

学号 (num)	姓名 (name)	性别 (sex)	年龄 (age)	成绩(score)		
				语文 (chinese)	数学 (math)	英语 (english)
01010101	李小明	男	19	70	80	77
01020202	王芳	女	18	88	90	85
02010303	刘灿	女	19	67	87	90
03010404	赵小涛	男	19	89	98	95

表 7.2 中，学生信息输入、输出程序实现如下：

```
#include   "stdio.h"
struct scoretp                      /*定义学生的成绩结构*/
{
    int chinese;                    /*语文*/
    int math;                       /*数学*/
    int english;                    /*英语*/
};


struct   stu                        /*定义学生信息结构类型*/
{
    char num[10];                   /*学号*/
    char name[20];                  /*姓名*/
    char sex[4];                    /*性别*/
    int   age ;                     /*年龄*/
```

```
        struct   scoretp score;          /*成绩*/
    }s[4];

    struct stu  s[4]={ {"01010101", "李小明", "男",19,{70,80,77}},
                      {"01020202", "王芳", "女",18,{88,90,85}},
                      {"02010303", "刘灿", "女",19,{67,87,90}},
                      {"03010404", "赵小涛", "男",19,{89,98,95}} };
    main()
    {
      int i;                        /*定义变量*/
    printf("学号  姓名  性别  年龄  语文  数学  英语：\n");
    for(i=0 ; i<4 ; i++)
    printf("%s \t%s \t%s \t%d \t%d \t%d \t%d\n",s[i].num,s[i].name,
          s[i].sex,s[i].age,s[i].score.chinese,s[i].score.math,s[i].score.english);
          return 0;
    }
```

程序运行结果如图 7.8 所示。

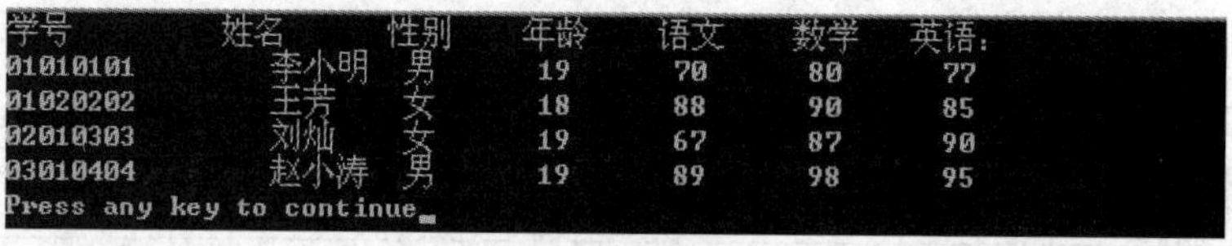

图 7.8　程序运行结果

3. 联合体

为了增加程序设计时数据处理的灵活性，在 C 语言中，可以将不同数据类型的数据使用共同的存储区域，这种构造数据类型称为共用体，也即联合体。

在实际问题中有很多这样的例子。如在学院系部的教师和学生信息登记表中，填写内容包括姓名、年龄、性别、职业、单位，其中，"职业"一项可分为"教师"和"学生"两类。对学生来说，"单位"一项应填入班级编号(用整型表示)；对教师来说，"单位"一项应填入部门名称(某教研室名称)，如表 7.3 所示。这就要求把这两种类型不同的数据都填入"单位"这个变量中，就必须把"单位"定义为包含整型和字符型数组这两种类型的"联合体"。

表 7.3　系部信息登记表

姓名(name)	性别(sex)	年龄(age)	职业(identity)	单位(department)
李小明	男	29	教师	软件技术教研室
王芳	女	18	学生	102
刘灿	女	24	教师	网络工程教研室
赵小涛	男	19	学生	301

"联合体"与"结构体"在定义、变量说明、引用上是相似的，但两者也有本质上的不同。在"结构体"中，各成员有各自的内存空间，一个结构变量的总长度是各成员长度之和。而在"联合体"中，各成员共享一段内存空间，一个联合变量的长度等于各成员中最长的长度。

1) 联合体的定义

联合体定义的一般形式为

```
union  联合体类型名
{
类型    成员变量名 1;
类型    成员变量名 2;
…
类型    成员变量名 n;
}
```

根据定义，表 7.3 所示的系部信息登记表中"单位"变量的定义如下。

```
union perdata          /*定义名为 perdata 的联合体类型*/
{
    int class;          /*班级编号*/
    char office[20];    /*部门名称*/
}
```

在这里，定义了一个名为 perdata 的联合体类型，它含有两个成员，一个是名为 class 的整型成员；另一个是名为 office 的字符数组型成员。对联合体定义之后，即可对联合体变量进行说明，被说明为 perdata 类型的变量，可以存放整型量 class 或存放字符数组 office。

2) 联合体变量的说明

联合体变量的说明和结构变量的说明方式相似，如 perdata 类型的联合体变量的直接说明方式如下。

```
union perdata
{
    int class;
    char office[20];
} a,b;              /*说明 a、b 为 perdata 类型*/
```

说明：a、b 变量均为 perdata 类型，a、b 变量的长度应等于 perdata 的成员中最长的长度，即等于 20 个字节。

注意：

① 联合体采用覆盖技术实现联合体类型变量各成员的内存共享，所以在某一时刻，存放的和起作用的是最后一次存入的成员。如果执行以下语句：

```
strcpy(a.office,"软件技术教研室");  a.class=123;
```

a.class 才是有效成员。

② 联合体中各成员由于共享同一内存空间，所以各成员的地址相同。

4．枚举型

在实际问题中，有些变量的取值被限定在一个有限的范围内。例如，一个星期只有七天，一年只有十二个月等，这些值可以用有限个常量来述叙，此时可以用枚举型来定义。

1) 枚举型定义

枚举型定义格式如下：

  enum 枚举名

  { 枚举值表}；

例如，

   enum weekday

     { Sun,Mon,Tue,Wed,Thu,Fri,Sat }；

该枚举名为 weekday，枚举值共有 7 个，即一周中的 7 天。凡被说明为 weekday 类型变量的取值只能是 7 天中的某一天。

2) 枚举型变量说明

枚举型变量的说明同结构体和联合体一样，枚举变量也可用不同的方式说明，即先定义后说明、同时定义说明或直接说明。设有变量 a、b、c 被说明为上述的 weekday，可采用下述任一种方式。

定义时直接说明：

   enum weekday

     { Sun,Mon,Tue,Wed,Thu,Fri,Sat }a,b,c；

先定义后说明：

   enum weekday

     { Sun,Mon,Tue,Wed,Thu,Fri,Sat }；

     enum weekday a,b,c；

说明：

① 枚举型仅适用于取值有限的数据。

② 枚举型中的元素不是变量，也不是字符串，它只代表一个常量符号。

③ 枚举元素作为常量是有值的，这些值通常是定义时的顺序号(从 0 开始)，所以枚举元素可以进行大小比较，序号大者为大。

④ 枚举元素的值也是可以人为改变的，在定义时由程序指定。例如，

   enum weekday

     { Sun=7,Mon=1,Tue,Wed,Thu,Fri,Sat }；

则 Sun=7，Mon=1，从 Tue=2 开始，依次递增为 3、4、5、6。

思 考 与 练 习

一、选择题

1．下面对结构变量的叙述错误的是(　　)。

A．相同类型的结构变量间可以相互赋值

B．通过结构变量，可以任意引用它的成员

C．结构变量中某个成员同与其类型相同的简单变量间可相互赋值

D．结构变量与简单变量间可以赋值

2．以下各选项企图说明一种新的类型名，其中正确的是(　　)。

A．typedef v1 int;　　　　　　　　B．typedef v2=int;

C．typedef int v3;　　　　　　　　D．typedef v4: int;

3．设有下列结构型变量 w 的定义，则表达式"sizeof(w)"的值是(　　)。

struct { long num; char name[15]; union {float x ; short z; } yz; }w;

A．19　　　　　　B．20　　　　　　C．23　　　　　　D．25

4．若有结构类型定义如下：struct bd { int x; float y; }r,*p=&r; ，那么，对 r 中的成员 x 的正确引用是(　　)。

A．(*p).r.x　　　　　　　　　　　B．(*p).x

C．p->r.x　　　　　　　　　　　　D．p.r.x

5．设有以下结构类型说明和变量定义，则变量 a 在内存中所占的字节数是(　　)。

struct stud { char num[6]; int s[4]; double ave; } a;

A．22　　　　　　B．18　　　　　　C．14　　　　　　D．28

6．设有以下说明语句 struct ex { int x ; float y; char z ;} example;，则下面的叙述中不正确的是(　　)。

A．struct ex 是结构体类型　　　　B．example 是结构体类型名

C．x、y、z 都是结构体成员名　　　D．struct 是结构体类型的关键字

7．在 Turbo C 中有如下定义：union dat { int i; char ch; float f; }x;　 x 在内存中所占的字节数为(　　)。

A．4　　　　　　B．7　　　　　　C．8　　　　　　D．6

8．有如下结构类型定义以及有关的语句：

struct ms { int x; int *p; }s1,s2; s1.x=10; s2.x=s1.x+10;

s1.p=&s2.x; s2.p=&s1.x; *s1.p+=*s2.p;

执行以上语句后，s1.x 和 s2.x 的值应该是(　　)。

A．10,30　　　　　B．10,20　　　　　C．20,20　　　　　D．20,10

9．下列关于结构类型与结构变量的说法中，错误的是(　　)。

A．结构类型与结构变量是两个不同的概念，其区别如同 int 类型与 int 型变量的区别一样

B．"结构"可将不同数据类型但相互关联的一组数据组合成一个有机整体使用

C．"结构类型名"和"数据项"的命名规则与变量名相同

D．结构类型中的成员名不可以与程序中的变量同名

10．能够逐个访问结构体成员的成员运算符是(　　)。

A．"."　　　　　　B．","　　　　　　C．":"　　　　　　D．";"

二、填空题

1. 有如下定义：

```
struct data{ int num;char name[10];} mydata;
```

为 mydata 的成员 num 赋值为 15 的语句是_____。

2. 设有以下定义和语句，请填空以正确输出变量的值。

```
struct{
        int n;
        double x;
} num;
 num.n=10;
 num.x=11.5;
 printf("_____", _____);
```

三、编程题

1. 定义一个日期结构变量，查询某日期是本年的第几天？

2. 已知某班学生信息包括学号、姓名、平时成绩、实训成绩和期末成绩，求学生的总评成绩，并统计出该班学生的总评成绩中，90~100、80~89、70~79、60~69、0~59 的学生人数。

项目八

文件——计算电话费

　　某电信公司记录了每个用户的详细通话情况(每次通话数据记录在一行)，现将某用户某月的通话数据存入一个文本文件"dial.txt"中，其数据格式如下：

　　拨入和拨出标记　通话开始时间　通话结束时间　对方号码

　　计算并输出该用户本月电话费(单位：元)。

　　注1：数据字段以一个空格作为分隔符。

　　注2：拨入和拨出标记均为小写字母。拨入标记为"i"，表示其他用户呼叫本机，本机用户不需付费；拨出标记为"o"，表示本机呼叫其他用户，此时本机用户需要付费。

　　注3：通话开始和结束时间的格式均为 HH:MM:SS。其中，HH 表示小时，取值为 00～23；MM 表示分钟，取值为 00～59；SS 表示秒，取值为 00～59。从通话开始到结束这段时间称为通话时间，假定每次通话时间以秒为单位，最短为 1 秒，最长不超过 24 小时。

　　注 4：跨月的通话记录计入下个月的通话数据文件。例如："o 23:01:12 00:12:15 …"表示本次通话是本机呼叫其他用户，时间从 23 时 01 分 12 秒至次日的 0 时 12 分 15 秒，通话时间为 71 分 03 秒。

　　注5：通话计费规则：① 月通话费按每次通话费累加；② 每次的通话费按通话时间每分钟 0.08 元计算，不足 1 分钟时按 1 分钟计费。

任务一　了解文件

　　所谓"文件"是指一组相关数据的有序集合。这个数据集有一个名称，叫做文件名。文件通常存储在外部介质(如磁盘等)上，在使用时才被调入内存中。从不同的角度可对文件作不同的分类。

从用户的角度看，文件可分为普通文件和设备文件两种。普通文件是指存储在磁盘或其他外部介质上的一个有序数据集，可以是源文件、目标文件、可执行程序，也可以是一组待输入处理的原始数据，或者是一组输出的结果。源文件、目标文件、可执行程序可以称作程序文件，输入输出数据可称作数据文件。

设备文件是指与主机相连的各种外部设备，如显示器、打印机、键盘等。在操作系统中，可以把外部设备也看作是一个文件来进行管理，把对它们的输入、输出等同于对磁盘文件的读和写。通常，把显示器定义为标准输出文件，一般情况下，在屏幕上显示有关信息就是向标准输出文件输出，如前面经常使用的 printf、putchar 函数就是这类输出。键盘通常被指定为标准的输入文件，从键盘上输入就意味着从标准输入文件上输入数据，如 scanf、getchar 函数就属于这类输入。

从文件编码的方式来看，文件可分为 ASCII 文件和二进制文件两种。ASCII 文件也称为文本文件，这种文件在磁盘中存放时每个字符对应一个字节，用于存放对应的 ASCII 字符。

例如，数字 5678 以 ASCII 字符的形式存储占 4 个字节，其存储形式为

ASCII 字符：   00110101   00110110   00110111   00111000

        ↓   ↓   ↓   ↓

十进制字符：   5   6   7   8

ASCII 文件可在屏幕上按字符显示。例如，源程序文件就是 ASCII 文件，用 DOS 命令 TYPE 可显示文件的内容。由于是按字符显示，因此能读懂文件内容。

二进制文件是按二进制的编码方式来存放文件的。

例如，数字 5678 以二进制的形式存储只占两个字节，其存储形式为

  00010110 00101110

二进制文件虽然也可在屏幕上显示，但其内容无法读懂。C 语言系统在处理这些文件时，并不区分类型，都看成是字符流，按字节进行处理。输入输出字符流的开始和结束只由程序控制而不受物理符号(如回车符)的控制，因此，也把这种文件称作"流式文件"。

任务二　了解文件指针

在使用文件系统时，每一个文件被打开或创建之后，必须用文件类型指针作为该文件的文件标识。在 C 语言编译系统中都有文件结构类型 FILE 的定义，在程序设计中可以直接用 FILE 定义文件类型指针变量。定义文件类型指针变量的一般形式为

  FILE *文件指针变量名;

注意：FILE 必须用大写，且"*"不能省略。

例如，FILE *fp;，其中，fp 是一个指向 FILE 类型结构的指针变量，通过文件指针变量能够找到与它相关的文件。如果需要同时访问 n 个文件，一般应设 n 个指针变量(指向 FILE 类型结构的指针变量)，使它们分别指向 n 个文件(实际上是指向该文件的信息结构)，以实现对文件的访问。当然，同一指针变量通过对它进行赋值也可以指向不同的文件。

任务三　文件的打开与关闭

文件在进行读写操作之前要先打开，使用完毕要关闭。所谓打开文件，实际上是建立文件的各种有关信息，并使文件指针指向该文件，以便进行其他操作。关闭文件则是断开指针与文件之间的联系，也就禁止再对该文件进行操作。

在 C 语言中，文件操作都是由库函数来完成的。下面介绍主要的库函数。

1．文件的打开(fopen 函数)

fopen 函数用来打开一个文件，其调用的一般形式为

　　文件指针名=fopen(文件名，使用文件方式);

其中，"文件指针名"必须是被说明为 FILE 类型的指针变量；"文件名"是被打开文件的文件名；"使用文件方式"是指文件的类型和操作要求。"文件名"是字符串常量或字符串数组。例如，在本项目中需要打开文本文件"dial.txt"来读取通话记录。

　　FILE *fp;

　　fp = fopen("dial.txt","r");

其意义是在当前目录下打开文件"dial.txt"，只允许进行"读"操作，并使 fp 指向该文件。又如，

　　FILE *fphzk;

　　fphzk=fopen("c:\\hzk16","rb");

其意义是打开 C 驱动器磁盘根目录下的文件 hzk16，这是一个二进制文件，只允许按二进制方式进行读操作。两个反斜线"\\"中的第一个表示转义字符，第二个表示根目录。

文件的使用方式共有 12 种，表 8.1 给出了它们的符号和意义。

表 8.1　文件使用方式的符号和意义

文件使用方式	意　　义
"rt"	只读打开一个文本文件，只允许读数据
"wt"	只写打开或建立一个文本文件，只允许写数据
"at"	追加打开一个文本文件，并在文件末尾写数据
"rb"	只读打开一个二进制文件，只允许读数据
"wb"	只写打开或建立一个二进制文件，只允许写数据
"ab"	追加打开一个二进制文件，并在文件末尾写数据
"rt+"	读写打开一个文本文件，允许读和写
"wt+"	读写打开或建立一个文本文件，允许读和写
"at+"	读写打开一个文本文件，允许读，或在文件末追加数据
"rb+"	读写打开一个二进制文件，允许读和写
"wb+"	读写打开或建立一个二进制文件，允许读和写
"ab+"	读写打开一个二进制文件，允许读，或在文件末追加数据

对于文件使用方式有以下几点说明：

(1) 文件使用方式由 r、w、a、t、b、+ 6 个字符拼成，各字符的含义如下。

r(read):	读
w(write):	写
a(append):	追加
t(text):	文本文件，可省略不写
b(banary):	二进制文件
+:	读和写

(2) 凡用"r"打开一个文件时，该文件必须已经存在，且只能从该文件读出。

(3) 用"w"打开的文件只能向该文件写入。若打开的文件不存在，则以指定的文件名建立该文件；若打开的文件已经存在，则将该文件删去，重建一个新文件。

(4) 若要向一个已存在的文件追加新的信息，只能用"a"方式打开文件，但此时该文件必须是存在的，否则将会出错。

(5) 在打开一个文件时，如果出错，fopen 将返回一个空指针值 NULL。在程序中可以用这一信息来判别是否完成打开文件的工作，并作相应的处理。因此，常用以下程序段打开文件：

```
fp = fopen("dial.txt","r");
if(!fp)
{
        printf("\nerror on open dial.txt! ");
        return -1;
}
```

这段程序的意义是：如果返回的指针为空，表示不能打开文件"dial.txt"，同时给出提示信息"error on open dial.txt!"，退出程序。

(6) 把一个文本文件读入内存时，要将 ASCII 字符转换成二进制字符；而把文件以文本方式写入磁盘时，也要把二进制字符转换成 ASCII 字符，因此文本文件的读写要花费较多的转换时间。对二进制文件的读写不存在这种转换。

(7) 标准输入文件(键盘)、标准输出文件(显示器)、标准出错输出(出错信息)是由系统打开的，可直接使用。

2．文件的关闭(fclose 函数)

文件一旦使用完毕，应用关闭文件函数把文件关闭，以避免文件的数据丢失等错误。

fclose 函数调用的一般形式为

    fclose(文件指针);

例如，

    fclose(fp);

正常完成关闭文件操作时，fclose 函数的返回值为 0。如返回非零值，则表示有错误发生。

任务四　文件的读写

当文件按指定的工作方式打开以后，就可以执行对文件的读和写了。下面按文件的性质分类进行操作。针对文本文件和二进制文件的不同性质，对文本文件来说，可按字符读写或按字符串读写；对二进制文件来说，可进行成块的读写或格式化的读写。

1. 读写字符

C 语言提供了 fgetc 和 fputc 函数对文本文件进行字符的读写，其函数的原型存于stdio.h 头文件中，格式为

　　　int fgetc(FILE *stream)

fgetc()函数从输入流的当前位置返回一个字符，并将文件指针指示器移到下一个字符处，如果已到文件结尾，函数返回 EOF，此时表示本次操作结束。若读写文件完成，则应关闭文件。

　　　int fputc(int ch,FILE *stream)

fputc()函数完成将字符 ch 的值写入所指定的流文件的当前位置处，并将文件指针后移一位。fputc()函数的返回值是所写入字符的值，出错时返回 EOF。

【例 8-1】　将存放于磁盘的指定文本文件按读写字符方式逐个地从文件读出，然后再将其显示到屏幕上。

```
#include <stdio.h>
#include <string.h>
main()
{
    char ch;
    FILE *fp;
    char s[20];
    printf("please enter file name: ");      /*输入打开文件的名称*/
    gets(s);
    if((fp=fopen(s, "r"))==NULL)              /*打开一个指定文件*/
    {
        printf("not open");
        exit(0);
    }
    while ((ch=fgetc(fp))!=EOF)              /*从文件读一字符，显示到屏幕*/
        putchar(ch);
    fclose(fp);
    return 0;
}
```

运行结果如下：

please enter file name: dial.txt

o 14:05:23 14:11:25 82346789

i 15:10:00 16:01:15 13890000000

o 10:53:12 11:07:05 63000123

o 23:01:12 00:12:15 13356789001

【例 8-2】 从键盘输入字符，存到磁盘文件 test.txt 中。

```c
#include <stdio.h>
main()
{
FILE *fp;                          /*定义文件变量指针*/
    char ch;
    if((fp=fopen("test.txt","w"))==NULL)  /*以只写方式打开文件*/
    {
        printf("can not open file!\n");
        exit(0);
    }
    while ((ch=getchar())!='\n')        /*只要输入字符非回车符*/
        fputc(ch,fp);                   /*写入文件一个字符*/
    fclose(fp);
}
```

程序通过从键盘输入一个以回车结束的字符串，写入指定的流文件 test.txt，文件以文本只写方式打开，所以流文件具有可读性，能支持各种字符处理工具访问。

运行程序：

I love china!

2. 读写字符串

C 语言提供的读写字符串的函数原型在 stdio.h 头文件中，其函数形式为

char *fgets(char *str,int num,FILE *stream)

fgets()函数从流文件 stream 中读取至多 num-1 个字符，并把它们放入 str 指向的字符数组中。读取字符直到遇见回车符或 EOF(文件结束符)为止，或读入了所限定的字符数。

int fputs(char *str,FILE *stream)

fputs()函数将 str 指向的字符串写入流文件。操作成功时，函数返回 0 值，失败返回非零值。

【例 8-3】 向磁盘写入字符串，并写入文本文件 test.txt。

```c
#include <stdio.h>
#include <string.h>
main()
{
```

```
        FILE *fp;
        char str[128];
        if ((fp=fopen("test.txt","w"))==NULL)          /*打开只写的文本文件*/
        {
            printf("cannot open file! ");
            exit(0);
        }
        while((strlen(gets(str)))!=0)
        {                                               /*若串长度为零，则结束*/
            fputs(str,fp);                              /*写入串*/
            fputs("\n",fp);                             /*写入回车符*/
        }
        fclose(fp);                                     /*关文件*/
    }
```

运行该程序，从键盘输入长度不超过 127 个字符的字符串，写入文件。如串长为 0，即空串，程序结束。输入：

```
        Hello!
        How do you do
        Good-bye!
```

这里所输入的空串，实际为一单独的回车符，其原因是 gets 函数判断串的结束是以回车作标志的。

【例 8-4】 从一个文本文件 test.txt 中读出字符串，再写入另一个文件 test2.txt。

```
    #include<stdio.h>
    #include<string.h>
    main()
    {
        FILE *fp1,*fp2;
        char str[128];
        if ((fp1=fopen("test.txt","r"))==NULL)
        {                                               /*以只读方式打开文件 1 */
            printf("cannot open file\n");
            exit(0);
        }
        if((fp2=fopen("test2.txt","w"))==NULL)
        {                                               /*以只写方式打开文件 2 */
            printf("cannot open file\n");
            exit(0);
        }
        while ((strlen(fgets(str,128,fp1)))>0)          /*从文件中读回的字符串长度大于 0 */
```

```
    {
        fputs(str,fp2 );                    /*从文件 1 读字符串并写入文件 2 */
        printf("%s",str);                   /*在屏幕显示*/
    }
    fclose(fp1);
    fclose(fp2);
}
```

程序共操作两个文件，需定义两个文件变量指针。因此，在操作文件以前，应将两个文件以需要的工作方式同时打开(不分先后)，读写完成后，再关闭文件。设计过程是在写入文件的同时将写入内容显示在屏幕上，故程序运行结束后，应看到增加了与原文件相同的文本文件并在屏幕上显示文件内容。

3．格式化的读写

前面的程序设计中，我们介绍过利用 scanf( )和 printf( )函数从键盘格式化输入及在显示器上进行格式化输出。对文件的格式化读写就是在上述函数的前面加一个字母 f 成为 fscanf()和 fprintf()。其函数调用方式如下：

```
        int fscanf(FILE *stream,char *format,arg_list)
        int fprintf(FILE *stream,char *format,arg_list)
```

其中，stream 为流文件指针，其余两个参数与 scanf( )和 printf( )的用法完全相同。

【例 8-5】 将一些格式化的数据写入文本文件，再从该文件中以格式化方法读出显示到屏幕上，其格式化数据是两个学生记录，包括姓名、学号、两科成绩。

```
        #include <stdio.h>
        main()
        {
            FILE *fp;
            int i;
            struct stu{                         /*定义结构体类型*/
                char name[15];
                char num[6];
                float score[2];
            }student;                           /*说明结构体变量*/
            if((fp=fopen("test.txt","w"))==NULL)
            {                                   /*以文本只写方式打开文件*/
                printf("cannot open file");
                exit(0);
            }
            printf("input data:\n");
            for( i=0;i<2;i++)
            {
```

```
        scanf("%s %s %f %f",student.name,student.num,&student.score[0],
        &student.score[1]);                          /*从键盘输入*/
        fprintf(fp, "%s %s %7.2f %7.2f\n",student.name,student.num,
        student.score[0],student.score[1]); /* 写入文件*/
    }
    fclose(fp);                                      /*关闭文件*/
    if((fp=fopen("test.txt","r"))==NULL)
    {                                                /*以文本只读方式重新打开文件*/
        printf("cannot open file");
        exit(0);
    }
    printf("output from file:\n");
    while (fscanf(fp, "%s %s %f %f\n", student.name, student.num, &student.score[0],
student.score[1])!=EOF)                              /*从文件读入*/
        printf("%s %s %7.2f %7.2f\n",student.name,student.num, student.score[0], student.score[1]);
                                                     /*显示到屏幕*/
    fclose(fp);                                      /*关闭文件*/
    return 0;
}
```

该程序设计一个文件变量指针，两次以不同方式打开同一文件，写入和读出格式化数据。有一点很重要，那就是用什么格式写入文件，就一定用什么格式从文件读，否则，读出的数据与格式控制符不一致，就造成数据出错。上述程序运行如下：

```
input data:
xiaowan j001 87.5 98.4
xiaoli j002 99.5 89.6
output from file:
xiaowan j001 87.50 98.40
xiaoli j002 99.50 89.60
```

此程序所访问的文件也可以为二进制文件，若打开文件的方式为

```
if ((fp=fopen("test.txt","wb"))==NULL)
{ / * 以二进制只写方式打开文件* /
    printf("cannot open file");
    exit(0);
}
```

其效果完全相同。

4．成块读写

前面介绍的几种读写文件的方法，对复杂的数据类型无法以整体形式向文件写入或从文件读出。C 语言提供了成块的读写方式来操作文件，使数组或结构体等类型可以进

行一次性读写。成块读写文件函数的调用形式为

     int fread(void *buf,int size,int count,FILE *stream)

     int fwrite(void *buf,int size,int count,FILE *stream)

fread()函数从 stream 指向的流文件读取 count(字段数)个字段，每个字段为 size(字段长度)个字符长，并把它们放到 buf(缓冲区)指向的字符数组中。

Fread()函数返回实际已读取的字段数。若函数调用时要求读取的字段数超过文件存放的字段数，则出错或已到文件尾，在实际操作时应注意检测。

fwrite()函数从 buf(缓冲区)指向的字符数组中，把 count(字段数)字段写到 stream 所指向的流中，每个字段为 size 个字符长，函数操作成功时返回所写字段数。

关于成块的文件读写，在创建文件时只能以二进制文件格式创建。

【例 8-6】 向磁盘写入格式化数据，再从该文件读出显示到屏幕。

```c
#include <stdio.h>
#include <stdlib.h>
main()
{
    FILE *fp1;
    int i;
    struct stu{                              /*定义结构体*/
        char name[15];
        char num[6];
        float score[2];
    }student;
    if((fp1=fopen("test.txt","wb"))==NULL)
    {                                        /*以二进制只写方式打开文件* /
        printf("cannot open file");
        exit(0);
    }
    printf("input data:\n");
    for( i=0;i<2;i++)
    {
        scanf("%s %s %f %f",student.name,student.num,&student.score[0], &student. score[1]);
                                             /*输入一记录*/
        fwrite(&student,sizeof(student),1,fp1);  /*成块写入文件*/
    }
    fclose(fp1);
    if((fp1=fopen("test.txt","rb"))==NULL)
    {                                        /*重新以二进制只写打开文件*/
        printf("cannot open file");
        exit(0);
```

```
        }
        printf("output from file:\n");
        for (i=0;i<2;i++)
        {
        fread(&student,sizeof(student),1,fp1);        /*从文件成块读*/
        printf("%s %s %7.2f %7.2f\n",student.name,student.num, student.score[0], student.score[1]);
                                        /*显示到屏幕*/

        }
        fclose(fp1);
        return 0;
    }
```

程序运行结果如下：

input data:

xiaowan j001 87.5 98.4

xiaoli j002 99.5 89.6

output from file:

xiaowan j001 87.50 98.40

xiaoli j002 99.50 89.60

通常，如果输入数据的格式较为复杂的话，可采取将各种格式的数据当做字符串输入，然后将字符串转换为所需的格式。C 语言提供函数：

```
        int atoi(char *ptr)
        float atof(char *ptr)
        long int atol(char *ptr)
```

它们分别将字符串转换为整型、实型和长整型。使用时请将其包含的头文件 math.h 或 stdlib.h 写在程序的前面。

任务五　文件定位和文件的随机读写

1. 文件定位

移动文件内部位置指针的函数主要有两个，即 rewind 函数和 fseek 函数。

rewind 函数前面已多次使用过，其调用形式为

　　rewind(文件指针);

它的功能是把文件内部的位置指针移到文件首。

下面主要介绍 fseek 函数。

fseek 函数用来移动文件内部位置指针，其调用形式为

　　fseek(文件指针，位移量，起始点)

其中，"文件指针"指向被移动的文件；"位移量"表示移动的字节数，要求位移量是 long 型数据，以便在文件长度大于 64 KB 时不会出错，当用常量表示位移量时，要求加

后缀"L";"起始点"表示从何处开始计算位移量,规定的起始点有 3 种:文件首、当前位置和文件末尾。起始点的表示方法如表 8.2 所示。

表 8.2 起始点的表示方法

起始点	表示符号	数字表示
文件首	SEEK_SET	0
当前位置	SEEK_CUR	1
文件末尾	SEEK_END	2

例如,

```
fseek(fp,100L,0);
```

其意义是把位置指针移到离文件首 100 个字节处。

还要说明的是,fseek 函数一般用于二进制文件。在文本文件中由于要进行转换,故往往计算的位置会出现错误。

2. 文件的随机读写

在移动位置指针之后,即可用前面介绍的任一种读写函数进行读写。由于一般是读写一个数据块,因此常用 fread 和 fwrite 函数。

下面用例题来说明文件的随机读写。

【例 8-7】 在学生文件 stu_list 中读出第二个学生的数据。

```
#include<stdio.h>
struct stu
{
    char name[10];
    int num;
    int age;
    char addr[15];
}boy,*qq;
main()
{
    FILE *fp;
    char ch;
    int i=1;
    qq=&boy;
    if((fp=fopen("stu_list","rb"))==NULL)
    {
        printf("Cannot open file strike any key exit!");
        return 0;
        exit(1);
    }
```

```
        rewind(fp);
        fseek(fp,i*sizeof(struct stu),0);
        fread(qq,sizeof(struct stu),1,fp);
        printf("\n\nname\tnumber      age        addr\n");
        printf("%s\t%5d   %7d       %s\n",qq->name,qq->num,qq->age,qq->addr);
    }
```

　　文件 stu_list 已由程序建立，本程序用随机读出的方法读出第二个学生的数据。程序
中定义 boy 为 stu 类型变量，qq 为指向 boy 的指针。以读二进制文件方式打开文件，程
序第 22 行移动文件位置指针。其中的 i 值为 1，表示从文件头开始，移动一个 stu 类型的
长度，然后再读出的数据即为第二个学生的数据。

任务六　项目实现

　　本项目——计算电话费的程序代码如下：

```
#include <stdio.h>
int main()
{
    FILE *fin;
    char str[80];
    int h1,h2,m1,m2,s1,s2;
    long t_start,t_end, interval;
    int c;
    double fee = 0;
    fin = fopen("dial.txt","r");              /*读取文件 */
    if (!fin)
        return -1;
    while (!feof(fin)) {
        if (!fgets(str,80,fin))   break;
        if (str[0] =='i' )      continue;      /*如果是拨入电话，则不计算电话费 */
        h1 = (str[2] - 48) * 10 + str[3] - 48;
        m1 = (str[5] - 48) * 10 + str[6] - 48;
        s1 = (str[8] - 48) * 10 + str[9] - 48;
        h2 = (str[11] - 48) * 10 + str[12] - 48;
        m2 = (str[14] - 48) * 10 + str[15] - 48;
        s2 = (str[17] - 48) * 10 + str[18] - 48;

        t_start = h1*60*60 + m1*60 + s1;       /*计算通话开始时间 */
        t_end = h2*60*60 + m2*60 + s2;         /*计算通话结束时间 */
```

```
        if (t_end<t_start )                   /*若通话开始和结束时间跨日 */
            interval =   24*60*60 - t_start + t_end;
        else
            interval = t_end - t_start;

        c = interval/60 ;                       /*计算完整分钟数表示的通话时间 */
        if (interval % 60)
            c++ ;
        fee += c * 0.08;
    }
    fclose(fin);
    printf("fee = %.2lf\n",fee);
    return 0;
}
```

运行结果为

```
fee=7.44
```

思 考 与 练 习

一、选择题

1. 下列哪条语句执行后，文件的读/写指针不指向文件首？(   )。
   A. rewind(fp);　　　　　　　　　　B. FILE *c;
   C. file c;　　　　　　　　　　　　D. file *c;

2. 下列语句中，将 C 定义为文件型指针的是(   )。
   A. FILE c;　　　　　　　　　　　　B. FILE *c;
   C. file c;　　　　　　　　　　　　D. file *c;

3. 若有定义 FILE *fp，则打开与关闭文件的命令是(   )。
   A. fopen(fp),fclose(fp);　　　　　　B. fopen(fp,"w"),fclose(fp);
   C. open(fp),close(fp) ;　　　　　　D. open(fp,"W"),close(fp);

4. C 语言中，组成数据文件的成分是(   )。
   A. 记录　　　　　　　　　　　　　B. 数据行
   C. 数据块　　　　　　　　　　　　D. 字符(字节)序列

5. 若要打开 A 盘中 user 子目录下名为 abc.txt 的文本文件进行读、写操作，下面符合此要求的函数调用是(   )。
   A. fopen("A:\user\abc.txt","r+")　　B. fopen("A:\user\abc.txt","r")
   C. fopen("A:\user\abc.txt","rb")　　D. fopen("A:\user\abc.txt","w")

6. 下列关于 C 语言数据文件的叙述中正确的是(   )。
   A. 文件由 ASCII 码字符序列组成，C 语言只能读写文本文件

B．文件由二进制数据序列组成，C 语言只能读写二进制文件

C．文件由数据流形式组成，可按数据的存放形式分为二进制文件和文本文件

D．文件由记录序列组成，可按数据的存放形式分为二进制文件和文本文件

7．可以把整型数据输出到二进制文件中的函数是(　　)。

A．fprintf　　　　　　　　B．fread

C．fwrite　　　　　　　　D．fputc

8．若 fp 是指向某文件的文件指针，且已读到文件末尾，则 feof(fp)的返回值是(　　)。

A．EOF　　　　　　　　B．非零值

C．−1　　　　　　　　　D．NULL

二、填空题

1．以下程序打开文件后，先利用 fseek()函数将文件位置指针定位在文件末尾，然后调用 ftell()函数返回当前文件位置指针的具体位置，从而确定文件长度。请填空。

```
#include <stdio.h>
main(){
    FILE *fp;
    long flen;
    fp = _____("test.data","rb");
    fseek(fp,0,SEEK_END);
    flen = ftell(fp);
    printf("%ld\n",flen);
    fclose(fp);
}
```

2．下面的程序执行后，文件 test.txt 中的内容是_____。

```
#include <stdio.h>
void fun(char *fname,char *st){
    FILE *fp;
    int i;
    fp = fopen(fname, "a");
    for(i=0;i<strlen(st);i++)
            fputc(st[i],fp);
    fclose(fp);
}
main(){
    fun("test","hello, ");
    fun("test","world! ");
}
```

三、编程题

1. 将字符串"FEDCBA"存放到数组中，调用 for 循环读出数组数据显示在屏幕上，同时将结果以文件流形式写入考生文件夹下，文件名为 WriteArr.txt。(请自己事先建立考生文件夹。)

2. 求 n 以内(不包括 n)同时能被 3 和 7 整除的所有自然数之和的平方根 s，并作为函数值返回，最后结果 s 输出到文件 out.txt 中。例如，若 n 为 1000，函数值应为 s=153.909 064。

要求：用到循环、求平方根函数调用和文件流模式。

3. 编写程序实现文本文件的复制。

项目九

课程设计——学生学籍管理系统

　　本项目开发的软件是学校学生信息管理系统软件，该项目是鉴于目前学校学生人数剧增，学生信息呈爆炸式增长的前提下，学校对学生信息管理的自动化与准确化的要求日益强烈的背景下构思出来的，该软件设计完成后可用于所有教育单位(包括学校，学院等)的学生信息管理。

　　本项目会用到我们前面所学的大部分知识，如指针、结构体、文件、函数、循环、分支语句等。其中文件可以用来长久存储学生信息，一般用文本文件。函数可以使程序实现模块化。

任务一　细化功能

　　学生学籍管理系统主要是用来管理学生学籍信息的。根据本校的应用需求，该系统应该实现以下基本功能：

(1) 对学生信息的建库。

(2) 修改学生信息。

(3) 删除学生信息。

(4) 查询学生信息。

(5) 输出学生信息。

(6) 退出系统。

(7) 此外，为了系统安全，还应有用户权限设置功能。

(8) 另外，在保证程序正确的前提下，考虑了程序的可靠性、交互性及界面的友好性，具体包括以下几点：

① 输入数据时的提示信息。

② 输入数据的合法性检查。

③ 文件的打开、读写操作失败后的提示及处理。

(9) 模块化的重要性。

(10) 团队合作精神的重要性。

任务二　功能设计

以文件作为主数据结构，以结构体数组作为辅助空间，尤其是在做建库、修改、删除等操作时，先将原库文件中的信息存入结构体数组，再做相应的处理。

1. 对学生信息的建库

先以追加方式打开原文件并存入结构体数组，以便输入记录时检查是否有重复学号的记录。循环提示输入学生信息，当输入的学号中有字母，姓名中有数字，性别不是 f 或 m，成绩小于 0 或大于 100 时，均提示输入有错，重新输入，直到正确。然后将输入的信息存入库文件中。退出循环后，返回主菜单。

2. 修改学生信息

循环提示输入要修改的学生学号，如果输入的学号存在，先显示该记录，再提示修改，然后将修改的信息存入库文件中。退出循环后，返回主菜单。

3. 删除学生信息

分单个删除和全部删除。单个删除时，循环提示输入要删除的学生学号，先显示该记录，再提示是否删除成功，然后将删除后的信息存入库文件中。退出循环后，返回主菜单。全部删除时，先提示是否真的要全部删除，若是，则清空库文件，然后返回主菜单。反之，返回主菜单。

4. 查询学生信息

分按学号查询和按姓名查询，两种查询实现方法是类似的：循环提示输入要查询的学号/姓名，若能找到，则显示该条记录。对于按姓名查询，当出现重名时，则显示多条记录。若找不到，则显示找不到。退出循环后，返回主菜单。

5. 输出学生信息

在屏幕上显示所有学生的记录。

6. 退出系统

先在屏幕上显示"GOOD BYE!"，并延时一段时间，然后退出。

任务三　项目实现

本项目——学生学籍管理系统的实现代码如下：

```
#define M 1000
#define N 3
#define DELAY 20
#include "string.h"
#include "math.h"
#include "ctype.h"
#include "stdlib.h"
#include "conio.h"
#include "stdio.h"
typedef struct student
{   char num[10];
    char name[10];
    char sex;
    float score[N];
}STU;
FILE *fp;
STU stu[M];
mywindow()
{
  int i;
  putch(0xc9);
  for(i=3;i<=78;i++)
  putch(0xcd);
  putch(0xbb);
  for(i=2;i<=24;i++)
  { gotoxy(78，i);
          putch(186);
  }
  gotoxy(78，24);
  putch(188);
  gotoxy(2，2);
  for(i=2;i<=24;i++)
    { gotoxy(1，i);
            putch(186);
          }
  gotoxy(1，24);
  putch(200);
  for(i=3;i<=78;i++)
          putch(205);
```

```
        }
    welcome()
    {
        unsigned long i;
        textmode(C80);
        window(1，1，80，25);
        textbackground(BLUE);
        textcolor(YELLOW);
        clrscr();
        mywindow();
        gotoxy(20，10);
        for(i=0;i<pow(2，DELAY);i++);
        printf("welcome ");
        for(i=0;i<pow(2，DELAY);i++);
        printf("to ");
        for(i=0;i<pow(2，DELAY);i++);
        printf("student ");
        for(i=0;i<pow(2，DELAY);i++);
        printf("management ");
        for(i=0;i<pow(2，DELAY);i++);
        printf("system!\n");
        gotoxy(20，11);
        printf("class:computer science 00-7\n");
        gotoxy(20，12);
        printf("coach:Yuyong\n");
        gotoxy(20，13);
        printf("author:group 3 .\n");
        gotoxy(20，15);
        printf("press any key to continue...\n");
        getch();
    }
    int password()
    {
        char password[10];
        int flag，i=1;
        do
        { printf("password?\n");
                scanf("%s"，password);
                if(strcmp(password，"wangquan"))
```

```
                    { flag=0;
                            i++;
                    }
            else
              { flag=1;
                 break;
              }
    }while(i<=3);
  return flag;
}
create()
{
    int i=0, j, k, sum, m=0, flag=0, n=0, flag1;
    char ch;
    STU stu1[M/2];
    /* input   */
    if((fp=fopen("e:\\student.dat", "a+"))==NULL)
            {   printf("open file error!\n");
                 exit(0);
                }
    for(i=0;fread(&stu1[i], sizeof(STU), 1, fp)!=0;i++);
    n=i;
    fclose(fp);
    i=0;
    while(1)
    { printf ("\n please input number%d's information:\n", i+1);
        do
        {
        flag=0;
        printf("number: ");
        scanf("%s", stu[i].num);
        for(k=i-1;k>=0;k--)
        if(strcmp(stu[k].num, stu[i].num)==0)
                        { printf("the num is exist, enter again!\n");
                            flag=1;
                            break;
                            }
        for(k=0;k<n;k++)
            if(strcmp(stu1[k].num, stu[i].num)==0)
```

```
                    { printf("the num is exist, enter again!\n");
                        flag=1;
                        break;
                    }
            sum=strlen(stu[i].num);
            for(k=0;k<sum;k++)
              if(!isdigit(stu[i].num[k]))
                        {   printf("num error, enter again!\n");
                            flag=1;
                            break;
                        }
          }while(flag);
          do
          {
          flag=0;
          printf("xingming: ");
          scanf("%s", stu[i].name);
          sum=strlen(stu[i].name);
          for(k=0;k<sum;k++)
              if(!isalpha(stu[i].name[k]))
                        {   printf("name error, enter again!\n");
                            flag=1;
                            break;
                        }
          }while(flag);
          do
          {
          printf("sex(f or m)?\n");
          getchar();
          scanf("%c", &stu[i].sex);
          if((stu[i].sex)!='f'&&(stu[i].sex)!='m')
            {
                    printf("sex error,   enter again!\n");
                    flag=1;
                    }
            else flag=0;
          }while(flag);
      for(j=0;j<N;j++)
          {
```

```
                do
                {
                printf("score%d.", j+1);
                scanf("%f", &stu[i].score[j]);
                if(stu[i].score[j]<0.0||stu[i].score[j]>100.0)
                    { flag1=1;
                            printf("score%d error!enter again.\n", j+1);
                        }
                else flag1=0;
                }while(flag1);
            }
        m++;
        i++;
        printf("continue to create?(yes--y or Y, no--others)\n");
        getchar();
        scanf("%c", &ch);
        if(ch!='y'&&ch!='Y') break;
        }
/* write data to file */
if((fp=fopen("e:\\student.dat", "a"))==NULL)
    { printf("open error!\n");
    exit(0);
        }
    for(i=0;i<m;i++)
            if (fwrite(&stu[i], sizeof(struct student), 1, fp)!=1)
                printf("file write error\n");
    fclose(fp);
}
output()
{
    int i, j, m;
    i=0;
    if((fp=fopen("e:\\student.dat", "r"))==NULL)
            { printf("open file error!\n");
                exit(0);
                }
    for(i=0;fread(&stu[i], sizeof(STU), 1, fp)!=0;i++);
    m=i;
    if(m==0)
```

```
                printf("there is no student record in file!\n");
        else
        { for(i=0;i<m;i++)
          {
            printf("%8s%8s%4s%8s%8s%8s\n", "NUM", "NAME", "SEX", "SCORE1",
            "SCORE2", "SCORE3");
                printf("%8s%8s%4c", stu[i].num, stu[i].name, stu[i].sex);
                for(j=0;j<N;j++)
                    printf("%8.2f", stu[i].score[j]);
                printf("\n");
            }
        }
        printf("press any key to back menu...\n");
        getch();
        fclose(fp);
}
modify()
{
        int i, j, flag, n;
        char ch, ch1, num[10];
        flag=1;
        printf("input the number to be modified:");
        scanf("%s", num);
        if((fp=fopen("e:\\student.dat", "r"))==NULL)
            { printf("the file can not open\n");
                exit(0);
            }
        for(i=0;fread(&stu[i], sizeof(struct student), 1, fp)!=0;i++);
        n=i;
        fclose(fp);
        do
        {
            for(i=0;i<n;i++)
              if(strcmp(num, stu[i].num)==0)
                  { flag=0;
                        printf("the modified record is:\n");
                            printf("%8s%8s%4s%8s%8s%8s\n", "NUM", "NAME", "SEX",
                        "SCORE1", "SCORE2", "SCORE3");
                            printf("%8s%8s%4c", stu[i].num, stu[i].name, stu[i].sex);
```

```
                    for(j=0;j<N;j++)
                        printf("%8.2f"，stu[i].score[j]);
                    printf("\n");
        printf("do you modify the name?\n");
            printf("please input y or n:\n");
            ch=getch();
            if(ch=='y')
            {   printf("input the name:\n");
                        scanf("%s"，stu[i].name);
                    }
            printf("do you mldify the sex?\n");
            printf("input y or n:\n");
            ch=getch();
            if(ch=='y')
            {   printf("input sex f or m:\n") ;
                    getchar();
                    scanf("%c"，&stu[i].sex);
                }
        printf("do you want to modify the score?\n");
            printf("input y\\n:\n");
            ch=getch();
            if(ch=='y')
            {    for(j=0;j<N;j++)
                    {   printf("input the score%d:\n"，j+1);
                            scanf("%f"，&stu[i].score[j]);
                    }
                }
        break;
}
if(flag)
printf("The number you input is error!\n");
printf("continue to modify?(yes--y or Y，no--others)\n");
getchar();
ch1=getchar();
}while(ch1=='y'||ch1=='Y');
rewind(fp);
if((fp=fopen("e:\\student.dat"，"w"))==NULL)
 { printf("open file error!\n");
        exit(0);
```

```
            }
       for(i=0;i<n;i++)
       fwrite(&stu[i]，sizeof(struct student)，1，fp);
       fclose(fp);
  }
delete_one()
{
       int i，j，flag，n;
       char s[10];
       char ch;
       if ((fp=fopen("e:\\student.dat"，"r"))==NULL)
         { printf("The error file");
                exit(0);
                }
         for(i=0;fread(&stu[i]，sizeof(STU)，1，fp)!=0;i++);
         n=i;
         fclose(fp);
         do
         {
    printf("\nplease input the num of the student the you want to delete:");
    scanf("%s"，s);
       for(flag=1，i=0;flag&&i<n;i++)
             { if(strcmp(s，stu[i].num)==0)
             {
             printf("the deleted record is:\n");
             printf("%8s%8s%4s%8s%8s%8s\n"，"NUM"，"NAME"，"SEX"，
             "SCORE1"，"SCORE2"，"SCORE3");
                    printf("%8s%8s%4c"，stu[i].num，stu[i].name，stu[i].sex);
                    for(j=0;j<N;j++)
                        printf("%8.2f"，stu[i].score[j]);
                    printf("\n");
                if(i==n-1)
                      {n--;
                          flag=0;
                      }
                  else
                  {
                      for(j=i;j<n-1;j++)
                          stu[j]=stu[j+1];
```

```
                                    flag=0;
                                      n--;
                                  }
                            }
                      }
              if (flag==0)
                        printf("\n the student has deleted\n");
              else
                        printf("\n The student is not exit\n");
          printf("continue to delete?(yes-y，no-others)\n");
          getchar();
          ch=getchar();
          }while(ch=='y'||ch=='Y');
      if((fp=fopen("e:\\student.dat"，"w"))==NULL)
          {  printf("open file error!\n");
                  exit(0);
          }
      for(i=0;i<n;i++)
          fwrite(&stu[i]，sizeof(struct student)，1，fp);
          fclose (fp);
}
query_on_num()
{int i，j，n;
 char ch;
 char number[10];
if((fp=fopen("e:\\student.dat"，"r"))==NULL)
    {printf("can not open file\n");
    exit(0);
 }
for(i=0;fread(&stu[i]，sizeof(struct student)，1，fp)!=0;i++);
        n=i;
do
  { printf("num?\n");
      scanf("%s"，number);
          for(i=0;i<n;i++)
          { if(strcmp(number，stu[i].num)==0)
                  { printf("already found!\n");
                      printf("this record is:\n");
                      printf("%8s%8s%4s%8s%8s%8s\n"，"NUM"，"NAME"，"SEX"，
```

```
                           "SCORE1"，"SCORE2"，"SCORE3");
                    printf("-------------------------------------------------------------------\n");
                    printf("%8s%8s%4c"，stu[i].num，stu[i].name，stu[i].sex);
                    for(j=0;j<N;j++)
                           printf("%8.2f"，stu[i].score[j]);
                    printf("\n");
                    printf("-------------------------------------------------------------------\n");
                    break;

               }
          }
        if(i>=n)
       printf("this record doesn't exist.\n");
   printf("\ncontinue?(yes-y or Y，no-others)\n");
   getchar();
   scanf("%c"，&ch);
   }while(ch=='y'||ch=='Y');
 clrscr();
 fclose(fp);
}
query_on_name()
{
        int flag，i，j，n，flag1;
        char ch，str[10];
        if((fp=fopen("e:\\student.dat"，"r"))==NULL)
        {    printf("Open file failed!\n");
                  exit(0);
        }
        for(i=0;fread(&stu[i]，sizeof(STU)，1，fp)!=0;i++);
           n=i;
        do{  flag1=0;
                 printf("Please enter the name!\n");
                 scanf("%s"，str);
                 for(i=0;i<n;i++)
                 if(strcmp(stu[i].name，str)==0)
                 {   flag1=1;
                     printf("%10s%10s%10s%10s%10s%10s\n"，"NUM"，"NAME"，
                     "SEX"，"SCORE1"，"SCORE2"，"SCORE3");
                         printf("%10s%10s%10c"，stu[i].num，stu[i].name，stu[i].sex);
                         for(j=0;j<N;j++)
```

```
                    printf("%10.2f"，stu[i].score[j]);
                    printf("\n");
            }
        if(flag1==0)
            printf("this record doesn't exist!\n");
        printf("You need continue to input the name?(yes-y or Y，no-others)\n");
        getchar();
        scanf("%c"，&ch);
        if((ch=='Y')||(ch=='y'))       flag=1;
        else                                   flag=0;
        }while(flag);
        fclose(fp);
        clrscr();
}
query()
{
    int ch;
    printf("1---query on num\n");
    printf("2---query on name\n");
    printf("please choice!\n");
    getchar();
    scanf("%d"，&ch);
    switch(ch)
    {
        case 1:clrscr();query_on_num();break;
        case 2:clrscr();query_on_name();break;
        default:printf("choice error!\n");query();
    }
}
delete_all()
{
  char ch1;
  if((fp=fopen("e:\\student.dat"，"w"))==NULL)
    { printf("open file error!\n");
            exit(0);
    }
  printf("delete all，really?(yes--y or Y，no--others)\n");
  getchar();
  scanf("%c"，&ch1);
```

```
    if(ch1=='y'||ch1=='Y')
        printf("delete all is successful!\n");
    printf("press any key to back menu...\n");
    getch();
    fclose(fp);
}
delete()
{
    int ch;
    printf("1---delete one by one\n");
    printf("2---delete all\n");
    printf("please choice!\n");
    getchar();
    scanf("%d", &ch);
    switch(ch)
    {
        case 1:clrscr();delete_one();break;
        case 2:clrscr();delete_all();break;
        default:printf("choice error!\n");delete();
    }
}
myexit()
{
    unsigned long i;
    goto xy(35, 10);
    printf("GOOD BYE!\n");
    for(i=0;i<pow(2, 20);i++);
    exit(0);
}
menu()
{
    int ch;
    int i, x, y;
    mywindow();
    x=28;
    y=8;
    goto xy(x, y++);
    printf("**********************\n");
    goto xy(x, y++);
```

```
        printf("1---create library.\n");
        goto xy(x，y++);
        printf("2---modify.\n");
        goto xy(x，y++);
        printf("3---delete.\n");
        goto xy(x，y++);
        printf("4---query.\n");
        goto xy(x，y++);
        printf("5---output.\n");
        goto xy(x，y++);
        printf("6---quit.\n");
        goto xy(x，y++);
        printf("*********************\n");
        goto xy(x，y++);
        printf("please choice.\n");
        goto xy(x，y++);
        scanf("%d"，&ch);
        switch(ch)
        {    case 1:clrscr();if(password()) create();clrscr();menu();break;
                case 2:clrscr();if(password()) modify();clrscr();menu();break;
                case 3:clrscr();if(password()) delete();clrscr();menu();break;
                case 4:clrscr();query();menu();break;
                case 5:clrscr();output();clrscr();menu();break;
                case 6:clrscr();myexit();break;
                default:clrscr();printf("choice error!\n");clrscr();menu();
        }
}
main()
{   clrscr();
    welcome();
    clrscr();
    menu();
}
```

本项目选择的数据结构是结构体数组和文件，其中，结构体数组是作为辅助空间用的。对文件的操作有打开、读写、关闭等。此外，在制作界面时，用到了光标定位函数gotoxy()，画窗口时用到了线的 ASCII 码等。

在编写菜单选择子模块时，用到了函数的递归调用。

用到的部分函数功能简介如下：

(1) textbackground(color)。该函数用于设置背景正文颜色。Color 的取值范围在 0～7 之间，或者用 conio.h 中定义的符号常量来表示。

(2) textcolor(color)。该函数可以选择前景字符颜色。Color 的取值范围在 0～15 之间，亦可采用符号常量。用法基本与 textbackground()相同。

(3) window(left，top，right，bottom)。在屏幕上定义一个窗口，左上角坐标为(left，top)，右下角坐标为(right，bottom)。正文窗口的最小尺寸是一行一列。如果坐标超出(1，1，80，25)的界限，则对窗口的调用不起作用。

(4) fopen(filename，mode)。用于创建一个未存在的文件和打开一个已存在的文件，filename 为文件存放的路径，mode 是指定打开文件的方式。

(5) fclose(FILE *fp)。用于关闭由 fopen()打开的文件(流)。

(6) fwrite(const void *buf，size_t int size，size_t count，FILE *fp)。用于把 buf 指向的缓冲区中的 count 个对象写到 fp 指向的文件中，每个对象长 size 字节。文件位置指示值向前推进，推进值等于实际写出的字节数。

(7) fread(void *buf，size_t int size，size_t count，FILE *fp)。用于从 fp 指向的流中读入 count 个对象，每个对象长 size 字节，读入的结果放到 buf 指向的缓冲区中。文件位置按读入字节数向前推进相应字节位置。

(8) rewind(FILE *fp)。用于把文件位置指针移到指定流的开始处，同时清除与该流相关的文件尾标志和错误标志。

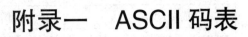

附录一　ASCII 码表

ASCII 值	控制字符	ASCII 值	控制字符	ASCII 值	控制字符	ASCII 值	控制字符
0	NUL	32	(space)	64	@	96	、
1	SOH	33	!	65	A	97	a
2	STX	34	"	66	B	98	b
3	ETX	35	#	67	C	99	c
4	EOT	36	$	68	D	100	d
5	ENQ	37	%	69	E	101	e
6	ACK	38	&	70	F	102	f
7	BEL	39	,	71	G	103	g
8	BS	40	(	72	H	104	h
9	HT	41	)	73	I	105	i
10	LF	42	*	74	J	106	j
11	VT	43	+	75	K	107	k
12	FF	44	,	76	L	108	l
13	CR	45	-	77	M	109	m
14	SO	46	.	78	N	110	n
15	SI	47	/	79	O	111	o
16	DLE	48	0	80	P	112	p
17	DC1	49	1	81	Q	113	q
18	DC2	50	2	82	R	114	r
19	DC3	51	3	83	X	115	s
20	DC4	52	4	84	T	116	t
21	NAK	53	5	85	U	117	u
22	SYN	54	6	86	V	118	v
23	ETB	55	7	87	W	119	w
24	CAN	56	8	88	X	120	x
25	EM	57	9	89	Y	121	y
26	SUB	58	:	90	Z	122	z
27	ESC	59	;	91	[	123	{
28	FS	60	<	92	/	124		
29	GS	61	=	93	]	125	}
30	RS	62	>	94	^	126	~
31	US	63	?	95	—	127	DEL

NUL	空	VT	垂直制表	SYN	空转同步
SOH	标题开始	FF	走纸控制	ETB	信息组传送结束
STX	正文开始	CR	回车	CAN	作废
ETX	正文结束	SO	移位输出	EM	纸尽
EOT	传输结束	SI	移位输入	SUB	换置
ENQ	询问字符	DLE	空格	ESC	换码
ACK	承认	DC1	设备控制 1	FS	文字分隔符
BEL	报警	DC2	设备控制 2	GS	组分隔符
BS	退一格	DC3	设备控制 3	RS	记录分隔符
HT	横向列表	DC4	设备控制 4	US	单元分隔符
LF	换行	NAK	否定	DEL	删除

附录二　C 语言常用的库函数

库函数并不是 C 语言的一部分，它是由编译系统根据一般用户的需要编制并提供给用户使用的一组程序。每一种 C 编译系统都提供了一批库函数，不同的编译系统所提供的库函数的数目和函数名以及函数功能是不完全相同的。ANSI C 标准提出了一批建议提供的标准库函数。它包括了目前多数 C 编译系统所提供的库函数，但也有一些是某些 C 编译系统未曾实现的。考虑到通用性，本附录列出 ANSI C 建议的常用库函数。

由于 C 库函数的种类和数目很多，如还有屏幕和图形函数、时间日期函数、与系统有关的函数等，每一类函数又包括各种功能的函数，限于篇幅，本附录不能全部介绍，只从教学需要的角度列出最基本的。读者在编写 C 程序时可根据需要，查阅相关的函数使用手册。

1．数学函数

使用数学函数时，应该在源文件中使用预编译命令：

  #include <math.h> 或 #include "math.h"

函数名	函数原型	功　　　能	返回值
acos	double acos(double x);	计算 arccos x 的值，其中$-1 \leqslant =x \leqslant =1$	计算结果
asin	double asin(double x);	计算 arcsin x 的值，其中$-1 \leqslant =x \leqslant =1$	计算结果
atan	double atan(double x);	计算 arctan x 的值	计算结果
atan2	double atan2(double x, double y);	计算 arctan x/y 的值	计算结果
cos	double cos(double x);	计算 cosx 的值，其中 x 的单位为弧度	计算结果
cosh	double cosh(double x);	计算 x 的双曲余弦 cosh x 的值	计算结果
exp	double exp(double x);	求 e^x 的值	计算结果
fabs	double fabs(double x);	求 x 的绝对值	计算结果
floor	double floor(double x);	求出不大于 x 的最大整数	该整数的双精度实数
fmod	double fmod(double x, double y);	求整除 x/y 的余数	返回余数的双精度实数
frexp	double frexp(double val, int *eptr);	把双精度数 val 分解成数字部分(尾数)和以 2 为底的指数，即 val=x*2n,n 存放在 eptr 指向的变量中	数字部分 x $0.5 \leqslant x<1$
log	double log(double x);	求 lnx 的值	计算结果

续表

函数名	函数原型	功　能	返回值
log10	double log10(double x);	求 $\log_{10}x$ 的值	计算结果
modf	double modf(double val, int *iptr);	把双精度数 val 分解成整数 部分和小数部分，把整数部分存放在 ptr 指向的变量中	val 的小数部分
pow	double pow(double x, double y);	求 x^y 的值	计算结果
sin	double sin(double x);	求 sin x 的值，其中 x 的单位为弧度	计算结果
sinh	double sinh(double x);	计算 x 的双曲正弦函数 sinh x 的值	计算结果
sqrt	double sqrt (double x);	计算 $\sqrt{x}$，其中 $x \geq 0$	计算结果
tan	double tan(double x);	计算 tan x 的值，其中 x 的单位为弧度	计算结果
tanh	double tanh(double x);	计算 x 的双曲正切函数 tanh x 的值	计算结果

2. 字符函数

在使用字符函数时，应该在源文件中使用预编译命令：

#include <ctype.h> 或 #include "ctype.h"

函数名	函数原型	功　能	返回值
isalnum	int isalnum(int ch);	检查 ch 是否字母或数字	是字母或数字返回 1，否则返回 0
isalpha	int isalpha(int ch);	检查 ch 是否字母	是字母返回1，否则返回 0
iscntrl	int iscntrl(int ch);	检查 ch 是否控制字符(其 ASCII 值在 0 和 0xlF 之间)	是控制字符返回 1，否则返回 0
isdigit	int isdigit(int ch);	检查 ch 是否数字	是数字返回1，否则返回 0
isgraph	int isgraph(int ch);	检查 ch 是否是可打印字符(其 ASCII 值在 0x21 和 0x7e 之间)，不包括空格	是可打印字符返回 1，否则返回 0
islower	int islower(int ch);	检查 ch 是否是小写字母(a~z)	是小字母返回1，否则返回 0
isprint	int isprint(int ch);	检查 ch 是否是可打印字符(其 ASCII 值在 0x21 和 0x7e 之间)，不包括空格	是可打印字符返回 1，否则返回 0
ispunct	int ispunct(int ch);	检查 ch 是否是标点字符(不包括空格)，即除字母、数字和空格以外的所有可打印字符	是标点返回1，否则返回 0
isspace	int isspace(int ch);	检查 ch 是否空格、跳格符(制表符)或换行符	是，返回1，否则返回 0
isupper	int isupper(int ch);	检查 ch 是否大写字母(A~Z)	是大写字母返回 1，否则返回 0
isxdigit	int isxdigit(int ch);	检查 ch 是否一个十六进制数字(即 0~9 或 A~F，a~f)	是，返回1，否则返回 0
tolower	int tolower(int ch);	将 ch 字符转换为小写字母	返回 ch 对应的小写字母
toupper	int toupper(int ch);	将 ch 字符转换为大写字母	返回 ch 对应的大写字母

3. 字符串函数

使用字符串函数时，应该在源文件中使用预编译命令：

　　#include <string.h>　或　#include "string.h"

函数名	函数原型	功　能	返回值
memchr	void memchr(void *buf, char ch, unsigned count);	在 buf 的前 count 个字符里搜索字符 ch 首次出现的位置	返回指向 buf 中 ch 第一次出现的位置指针。若没有找到 ch，返回 NULL
memcmp	int memcmp(void *buf1, void *buf2, unsigned count);	按字典顺序比较由 buf1 和 buf2 指向的数组的前 count 个字符	buf1<buf2，为负数 buf1=buf2，返回 0 buf1>buf2，为正数
memcpy	void *memcpy(void *to, void *from, unsigned count);	将 from 指向的数组中的前 count 个字符拷贝到 to 指向的数组中。from 和 to 指向的数组不允许重叠	返回指向 to 的指针
memove	void *memove(void *to, void *from, unsigned count);	将 from 指向的数组中的前 count 个字符移动到 to 指向的数组中。from 和 to 指向的数组不允许重叠	返回指向 to 的指针
memset	void *memset(void *buf, char ch, unsigned count);	将字符 ch 拷贝到 buf 指向的数组的前 count 个字符中	返回 buf
strcat	char *strcat (char *str1, char *str2);	把字符 str2 接到 str1 后面，取消原来 str1 最后面的串结束符 "\0"	返回 str1
strchr	char *strchr(char *str,int ch);	找出 str 指向的字符串中第一次出现字符 ch 的位置	返回指向该位置的指针，如找不到，则应返回 NULL
strcmp	int *strcmp (char *str1, char *str2);	比较字符串 str1 和 str2	若 str1<str2，为负数 若 str1=str2，返回 0 若 str1>str2，为正数
strcpy	char *strcpy (char *str1, char *str2);	把 str2 指向的字符串拷贝到 str1 中去	返回 str1
strlen	unsigned intstrlen(char *str);	统计字符串 str 中字符的个数(不包括结束符 "\0")	返回字符个数
strncat	char *strncat(char *str1, char *str2, unsigned count);	把 str2 指向的字符串中最多 count 个字符连到串 str1 后面，并以 NULL 结尾	返回 str1
strncmp	int strncmp(char *str1,*str2, unsigned count);	比较字符串 str1 和 str2 中至多前 count 个字符	若 str1<str2，为负数 若 str1=str2，返回 0 若 str1>str2，为正数

续表

函数名	函数原型	功　能	返回值
strncpy	char *strncpy(char *str1,*str2, unsigned count);	把 str2 指向的字符串中最多前 count 个字符拷贝到串 str1 中去	返回 str1
strnset	void *setnset(char *buf, char ch, unsigned count);	将字符 ch 拷贝到 buf 指向的数组前 count 个字符中	返回 buf
strset	void *setset(void *buf, char ch);	将 buf 所指向的字符串中的全部字符都变为字符 ch	返回 buf
strstr	char *strstr(char *str1,*str2);	寻找 str2 指向的字符串在 str1 指向的字符串中首次出现的位置	返回 str2 指向的字符串首次出现的地址。否则返回 NULL

4. 输入输出函数

在使用输入输出函数时，应该在源文件中使用预编译命令：

　　#include <stdio.h> 或 #include "stdio.h"

函数名	函数原型	功　能	返回值
clearerr	void clearer(FILE *fp);	清除文件指针错误指示器	无
close	int close(int fp);	关闭文件(非 ANSI 标准)	关闭成功返回 0，不成功返回−1
creat	int creat(char *filename, int mode);	以 mode 所指定的方式建立文件(非 ANSI 标准)	成功返回正数，否则返回−1
eof	int eof(int fp);	判断 fp 所指的文件是否结束	文件结束返回 1，否则返回 0
fclose	int fclose(FILE *fp);	关闭 fp 所指的文件，释放文件缓冲区	关闭成功返回 0，不成功返回非 0
feof	int feof(FILE *fp);	检查文件是否结束	文件结束返回非 0，否则返回 0
ferror	int ferror(FILE *fp);	测试 fp 所指的文件是否有错误	无错返回 0，否则返回非 0
fflush	int fflush(FILE *fp);	将 fp 所指的文件的全部控制信息和数据存盘	存盘正确返回 0，否则返回非 0
fgets	char *fgets(char *buf, int n, FILE *fp);	从 fp 所指的文件中读取一个长度为(n−1)的字符串，存入起始地址为 buf 的空间	返回地址 buf。若遇文件结束或出错则返回 EOF
fgetc	int fgetc(FILE *fp);	从 fp 所指的文件中取得下一个字符	返回所得到的字符。出错返回 EOF
fopen	FILE *fopen(char *filename, char *mode);	以 mode 指定的方式打开名为 filename 的文件	成功，则返回一个文件指针，否则返回 0

函数名	函数原型	功　能	返回值
fprintf	int fprintf(FILE *fp, char *format,args,…);	把 args 的值以 format 指定的格式输出到 fp 所指的文件中	实际输出的字符数
fputc	int fputc(char ch, FILE *fp);	将字符 ch 输出到 fp 所指的文件中	成功则返回该字符，出错返回 EOF
fputs	int fputs(char str, FILE *fp);	将 str 指定的字符串输出到 fp 所指的文件中	成功则返回 0，出错返回 EOF
fread	int fread(char *pt, unsigned size, unsigned n, FILE *fp);	从 fp 所指定文件中读取长度为 size 的 n 个数据项，存到 pt 所指向的内存区	返回所读的数据项个数，若文件结束或出错返回 0
fscanf	int fscanf(FILE *fp, char *format,args,…);	从 fp 指定的文件中按给定的 format 格式将读入的数据送到 args 所指向的内存变量中(args 是指针)	以输入的数据个数
fseek	int fseek(FILE *fp, long offset, int base);	将 fp 指定的文件的位置指针移到以 base 所指示的位置为基准，以 offset 为位移量的位置	返回当前位置，否则返回−1
ftell	long ftell(FILE *fp);	返回 fp 所指定的文件中的读写位置	返回文件中的读写位置，否则返回 0
fwrite	int fwrite(char *ptr, unsigned size, unsigned n, FILE *fp);	把 ptr 所指向的 n*size 个字节输出到 fp 所指向的文件中	写到 fp 文件中的数据项的个数
getc	int getc(FILE *fp);	从 fp 所指向的文件中读出下一个字符	返回读出的字符，若文件出错或结束返回 EOF
getchar	int getchar();	从标准输入设备中读取下一个字符	返回字符，若文件出错或结束返回−1
gets	char *gets(char *str);	从标准输入设备中读取字符串存入 str 指向的数组	成功返回 str，否则返回 NULL
open	int open(char *filename, int mode);	以 mode 指定的方式打开已存在的名为 filename 的文件(非 ANSI 标准)	返回文件号(正数)，如打开失败返回−1
printf	int printf(char *format, args, …);	在 format 指定的字符串的控制下，将输出列表 args 值输出到标准设备	输出字符的个数，若出错返回负数
prtc	int prtc(int ch, FILE *fp);	把一个字符 ch 输出到 fp 所指的文件中	输出字符 ch，若出错返回 EOF
putchar	int putchar(char ch);	把字符 ch 输出到 fp 标准输出设备	返回换行符，若失败返回 EOF
puts	int puts(char *str);	把 str 指向的字符串输出到标准输出设备，将"\0"转换为回车行	返回换行符，若失败返回 EOF

函数名	函数原型	功　　能	返回值
putw	int putw(int w, FILE *fp);	将一个整数 i(即一个字)写到 fp 所指的文件中(非 ANSI 标准)	返回读出的字符，若文件出错或结束返回 EOF
read	int read(int fd, char *buf, unsigned count);	从文件号 fp 所指定的文件中读 count 个字节到由 buf 指示的缓冲区(非 ANSI 标准)中	返回真正读出的字节个数，如文件结束返回 0，出错返回–1
remove	int remove(char *fname);	删除以 fname 为文件名的文件	成功返回 0，出错返回 –1
rename	int remove(char *oname, char *nname);	把 oname 所指的文件名改为由 nname 所指的文件名	成功返回 0，出错返回 –1
rewind	void rewind(FILE *fp);	将 fp 指定的文件指针置于文件头，并清除文件结束标志和错误标志	无
scanf	int scanf(char *format, args, …);	从标准输入设备按 format 指示的格式字符串规定的格式，输入数据给 args 所指示的单元。args 为指针	读入并赋给 args 数据个数，如文件结束返回 EOF，若出错返回 0
write	int write(int fd, char *buf, unsigned count);	以 buf 指示的缓冲区输出 count 个字符到 fd 所指的文件中(非 ANSI 标准)	返回实际写入的字节数，如出错返回–1

5．动态存储分配函数

在使用动态存储分配函数时，应该在源文件中使用预编译命令：

　　　　#include <stdlib.h>　或　#include "stdlib.h"

函数名	函数原型	功　　能	返回值
callloc	void *calloc(unsigned n, unsigned size);	分配 n 个数据项的内存连续空间，每个数据项的大小为 size	分配内存单元的起始地址，如不成功，返回 0
free	void free(void *p);	释放 p 所指内存区	无
malloc	void *malloc(unsigned size);	分配 size 字节的内存区	所分配的内存区地址，如内存不够，返回 0
realloc	void *realloc (void *p, unsigned size);	将 p 所指的以分配的内存区的大小改为 size。size 可以比原来分配的空间大或小	返回指向该内存区的指针，若重新分配失败，返回 NULL

6．其他函数

有些函数由于不便归入某一类，所以单独列出。使用这些函数时，应该在源文件中使用预编译命令：

#include <stdlib.h>或#include "stdlib.h"

函数名	函数原型	功　　能	返回值
abs	int abs(int num);	计算整数 num 的绝对值	返回计算结果
atof	double atof(char *str);	将 str 指向的字符串转换为一个 double 型的值	返回双精度计算结果
atoi	int atoi(char *str);	将 str 指向的字符串转换为一个 int 型的值	返回转换结果
atol	long atol(char *str);	将 str 指向的字符串转换为一个 long 型的值	返回转换结果
exit	void exit(int status);	中止程序运行，将 status 的值返回调用的过程	无
itoa	char *itoa(int n, char *str, int radix);	将整数 n 的值按照 radix 进制转换为等价的字符串，并将结果存入 str 指向的字符串中	返回一个指向 str 的指针
labs	long labs(long num);	计算 long 型整数 num 的绝对值	返回计算结果
ltoa	char *ltoa(long n, char *str, int radix);	将长整数 n 的值按照 radix 进制转换为等价的字符串，并将结果存入 str 指向的字符串	返回一个指向 str 的指针
rand	int rand();	产生 0 到 RAND_MAX 之间的伪随机数。RAND_MAX 在头文件中定义	返回一个伪随机(整)数
random	int random(int num);	产生 0 到 num 之间的随机数	返回一个随机(整)数
randomize	void randomize();	初始化随机函数，使用时包括头文件 time.h	

写 给 读 者

要学好 C 语言，一定要培养好三种习惯：实践，记笔记，自主学习。

第一个习惯，实践。高等院校学生能够跟别人拼的，就是动手能力，动手能力怎么提高，就是不停的实践。

第二个习惯，记笔记。虽说拼的是动手，但也不能糊里糊涂，关键的理论还是要记一点，好脑瓜不如烂笔头，一定要记。记笔记还有一个好处，就是方便复习，方便把厚书读薄，以后参加面试笔试，浏览一下笔记就能抓住关键。

第三个习惯，自主学习。一门课、两门课能够教给大家的更多的是方法，大家要养成自主学习的好习惯，主动地扩充知识。"活到老，学到老"，终生学习是一个人立于不败之地的关键。特别是 IT 行业，新技术层出不穷，只有不停地学习，才能走在前列。

参 考 文 献

[1]　谭浩强. C 程序设计. 3 版. 北京：清华大学出版社，2005.

[2]　陈朔鹰，陈英. C 语言趣味程序百例精解. 北京：北京理工大学出版社，1994.

[3]　汪金营. C 语言程序设计案例教程. 北京：人民邮电出版社，2004.

[4]　李泽中，孙红艳. C 语言程序设计. 北京：清华大学出版社，2008.

[5]　韦良芬，王勇. C 语言程序设计经典案例教程. 北京：北京大学出版社，2010.

[6]　王卓，杜娜. C 语言程序设计. 北京：人民邮电出版社，2009.

[7]　张佰慧，王德永. C 语言程序设计：项目教学教程. 西安：西安电子科技大学出版社，2010.

[8]　刘维富，陈建平，邱建林，等. C 语言程序设计一体化案例教程. 北京：清华大学出版社，2009.